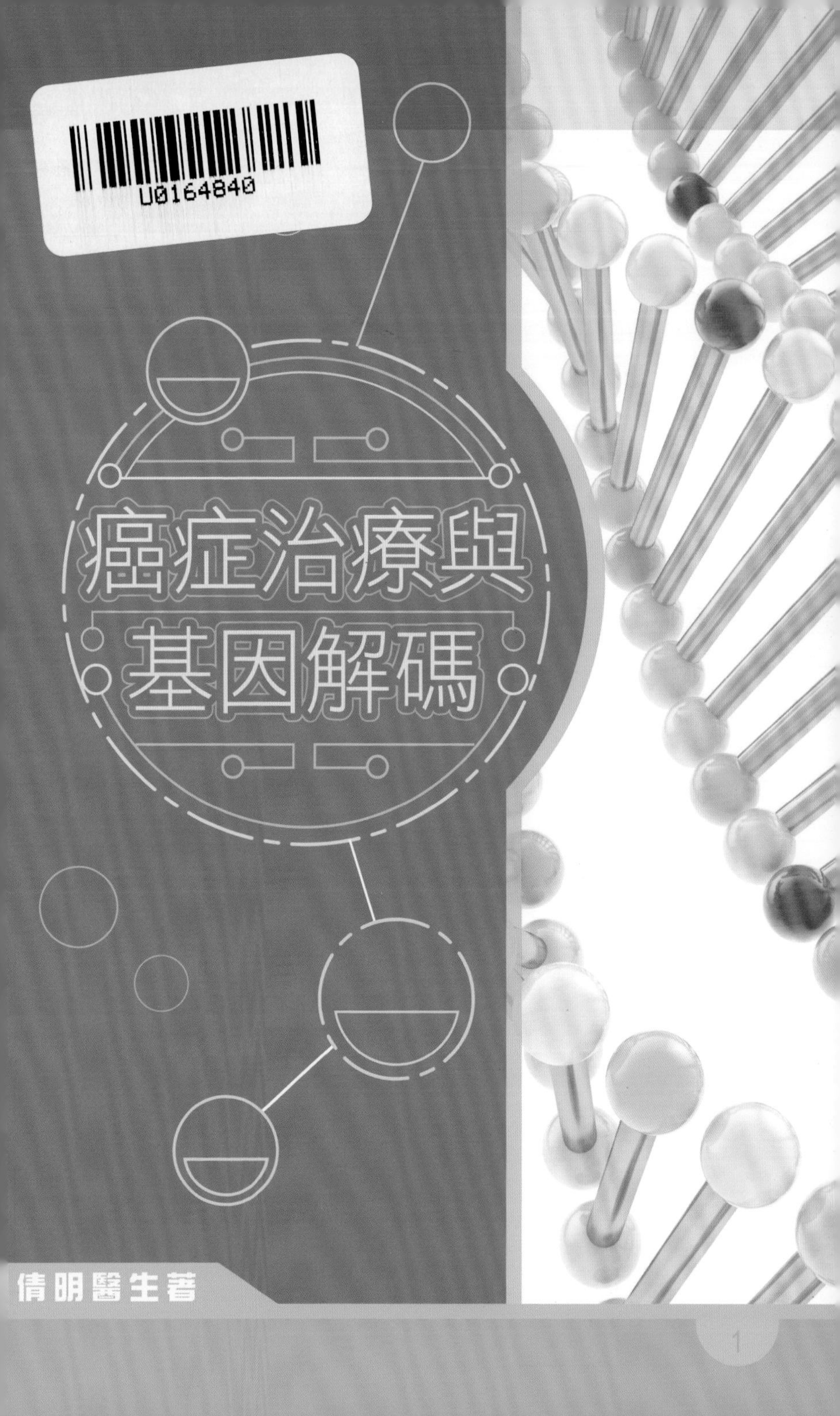
U0164840
癌症治療與
基因解碼
倩明醫生著

昔日，癌症的潛台詞是「絕症」，醫不好是常理，醫得好是奇蹟；今天，癌症治療變成長途賽，治療的選擇多了，一種藥物失效，還有第二代，甚至第三、四代藥物可用。而隨着醫學及藥物研發技術的進步，新一代藥物又接踵而來，癌症變成了長期病，足以長時間控制，而存活期亦有望不斷提升。

在基因檢測技術仍未普及之初，癌症治療往往只能像套用公式般，因應期數採取劃一治療方案。其時醫學界仍未完全掌握腫瘤帶有變異基因的特性，也就不難理解何以到個別情況就必須採取副作用極多的化療，而不如現在般考慮標靶、甚至免疫治療。當時治療癌症就如碰運氣般，同一種治療策略，A病人有效並痊癒，B病人無效並惡化，C病人暫時有效，但沒多久又復發，醫學界亦不明所以。可以說，治療方案雖存在，但對癌症卻彷彿束手無策，由是癌症仍是「絕症」。

及至後來當發現腫瘤原來都帶有不同的變異基因，而有關基因假如有針對藥物可以使用的話，原來是有辦法可以暫時，甚至長遠控制腫瘤的。至此，治癌的模式完全改變，不再千篇一律地使用劃一方案，而是針對腫瘤特性攻擊，令控制甚至消滅腫瘤的勝算更高，加上不同的腫瘤特性不斷被發現，而相應的藥物又不斷研發，癌症治療日後成為長途競賽，不難預視。

在癌症基因圖譜透明度日漸提高的同時，我們期望人類終有戰勝癌症的一天。

香港社區腫瘤科醫生協會
臨床腫瘤科專科陳亮祖醫生

香港人的健康意識近年不斷提升。隨著媒體資訊發達，唾手就可得到很多最新的醫學資訊。坊間亦有不少書籍提出如何健康生活，預防疾病。

生、老、病、死彷彿是人生必經的階段，但同時每個人都希望可以健康地老去。

每一個癌症病人在確診後所面對的，不單是要知道如何治療，存活率多少，更是衝擊自己對生命的看法，去問生命的意義為何。身外心內突如其來的重擔、憂慮、無力，不足為外人道……

本書《癌症治療與基因解碼》中深入淺出解釋了現今科學對癌症最新的治療方法。

第四期的癌症並不是等於被判上死刑。

本書中每一個病人背後的生命故事，更是有血，有淚，有傷痛，亦有來自家人，朋友的愛，關懷和陪伴。醫生們有幸能與他們在這段艱難的時間同行。

盼望讀者透過這本書除了能增進醫學知識，亦能對生命有更多反思和體會。

香港甲狀腺學會副主席
簡美儀醫生

自序

作為一個行醫三十多年的腫瘤科醫生，親眼目睹這幾十年間醫治癌症的發展，從前無法想像的突破，竟然在近十幾年間可以成為日常治癌的方法。

笨重的放射治療機已變得更輕巧，治療速度也更快。現在3D立體的設計可以在數分鐘內完成治療。意義上，立體的放射治療也可以算是一種局部靶向治療。身體各部位，可以被放射治療醫治，尤其是處於身體深處的腫瘤，實在是放射治療的強項。如今，治療更快捷，副作用更少；結合化療、標靶治療及免疫療法，更發揮臨床上的佳績。

腫瘤的特異性，其實早在幾十年前有所發現，例如乳癌的雌激素受體、黃體素受體，近年發現的HER2受體，都直接影響到醫治乳癌的方法。

腫瘤的分佈及特異性也在不同族裔及區域中有特定的流行情況，例如亞洲區的非吸煙婦女罹患肺腺癌，比率較歐美高很多，後來病理化驗發現大概有四成至五成的病人有某些表皮因子受體(EGFR)突變，某些標靶藥對這類基因突變的肺癌很有療效。香港更成為這類研究的先驅者，因為藥廠免費提供藥物，令更多的病人參與藥物研究，成果也更快地被確認。

這些研究如雨後春筍，大大增強了我們對於癌症的生化認知。

這本書裏我們講述了很多不同的個案，全是真實臨床個案的改編故事。

標靶治療在肺癌及乳癌在臨床治療上取得很大的的進步。這些基因檢查已經在這些腫瘤成為常態的基因檢測，但若是在其他腫瘤類別，或是腫瘤有其他稀有的基因突變，一般不可被探知，如此這般便錯失了有效的治療方法，豈不可惜?

所以我們出版這本書的目的，是要加強公眾對於此類新方法的理解。在有限的資源下，如何運用有限的資金，作出明智的抉擇。

周倩明醫生

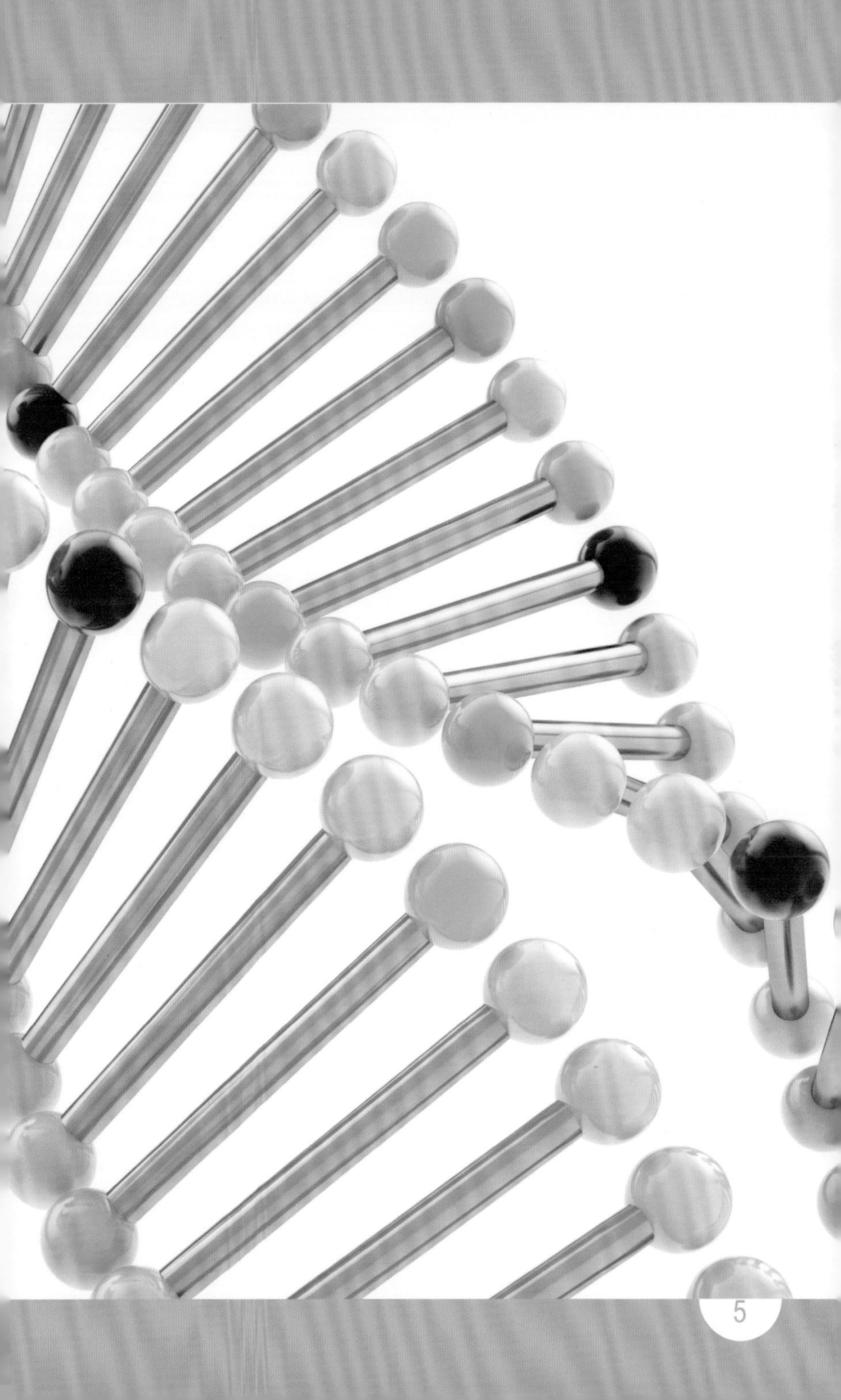

目錄

癌症基因解密

精準醫學及個人化治療 (Precision Medicine and Personalized Treatment)

癌細胞是源於體內的變異細胞，在不同位置及時間，有多樣性的變化，也可能有不同的基因突變。查証細胞的生物科技為癌症治療提供了珍貴的信息和指導，基因研究在癌症的診斷發展一日千里，亦在治理的概念和實戰引發極大的改變。

正如我在《衝破肺癌陣》一書所描述，癌症指引是近代常用的治療癌症的金科玉律，根據不同部位發生的癌症，例如肺癌、乳癌、腸癌等不同分類及分期方法，引入治療。

此種方法，固然有利處，例如歸納類似的病人，用類似的方法來醫治，保證有某程度的效果。但弊處是不能因應個人的不同特殊情況有所調節，做法比較刻板及難於協調。例如癌症四期只籠統地指出病人有擴散性的腫瘤，擴散的範圍、位置其實也影響治療的取向。

某些病人是小範圍的擴散(oligometastases)，例如只有一兩處微小的擴散，治療應更加進取，例如局部以立體放射治療照射腦部擴散或以手術取出擴散的腫瘤。又例如腸癌的肺部擴散或肝部擴散，亦可因此而治癒。以往「擴散等於四期，亦等於不能治癒的癌症」的固有概念已被新思維所取代。小範圍的癌症擴散也可以因為積極的局部治療，加強控制，甚至治好。

對於廣泛性的擴散(widespread metastases)，系統性治療(systemic therapy)例如化療、標靶治療、免疫治療是適用的方法。

腫瘤細胞有很多不同的生物特質。生物分析研究所得，某些驅動基因能促進腫瘤細胞的生長及轉移；某些腫瘤血管基因受體受到刺激亦會增生，腫瘤便可以吸取更多血液裏的養份，加速生長。

免疫療法解除癌細胞的掩護，令正常抗疫系統能攻擊癌細胞，使其滅亡。這是近年迅速發展的醫治癌症方法。

現在很多研究是結合幾種標靶藥物、幾種方法，立體攻擊腫瘤。這樣雖然目前不能根治癌症，但也非常有效地遏止癌細胞繼續蔓延及損害人體器官的速度。

時代不斷進步，如今單一的治療指引已經不合時宜，度身訂做的醫療方案是更佳的選擇，而且需要不斷的修正，才能達到最佳效果。

可是，要根據腫瘤的特異性來制定治療方案，過程非常昂貴，未必具成本效益。一般來説找到相應標靶藥物的機率約是20%至40%。在生產藥物的前期工作需要強大資金作投資，所以專利期內，藥物會非常昂貴，所以就算找到可用的標靶藥，財政也不能負擔，所以做之前應該與你的醫生詳細討論成本效益的問題。同時標靶藥物亦並非全無副作用，有些藥物的副作用還是很嚴重的。而且新的藥物有很多未知的副作用，要在長期的測試及大數目的病人數據中才可以斷定。

廣泛型癌症基因檢測 (Comprehensive Genomic Profile)

次世代基因技術(Next Generation sequencing)探測細胞上的突變：因為技術上的複雜性，我們不在此詳述。簡單來説，此種方法是以快速檢測，確定某些特定的基因突變，確定是否驅動基因，引領我們作出治療的取向。

目前NGS的定序技術共有幾種，分別為將待定序的序列切成100-150、200以至1000個鹼基長的片段不等，各種技術有各自的特點。

相比單一基因檢測，廣泛型癌症基因檢測的好處，包括：可提升尋找更多治療的可能。以有多種基因變異的肺癌為例，最常做的單一基因檢測包括：EGFR、ALK，但問題在於，肺部腫瘤大多潛藏較深入位置，較難取得足夠組織進行檢測。如已經使用了一部分組織進行單一基因檢測，有機會不夠組織做廣泛型癌症基因檢測，或會令病人喪失使用合適標靶藥物的機會。

又例如免疫治療，單一基因檢測只能驗PD-L1蛋白表達水平。但有愈來愈多數據發現，還有很多其他標準如MSI(微衛星不穩定性)、MMR-d(核酸錯配修復功能缺陷)及TMB(腫瘤突變負荷)的高與低，也可以作為考慮能否應用免疫治療的準則，而這些指標是廣泛型癌症基因檢測可以掌握到的，單一性檢查目前仍很難做到。

這類技術幾年前引進香港，我們嘗試在某些病人中使用，縱然不是每個病人都得益，但這個檢查確實對某些癌症，尤其是末期擴散性的治療有著重要的貢獻。

值得一提的是，不同國家會對NGS的服務釐定不同規範或標準。有關NGS服務的選擇，建議可諮詢醫護人員及多參考服務提供者的相關資訊，以作比較。

組織取檢(Tissue biopsy)

從前病理組織化驗，是著重由病理科醫生分析顯微鏡下癌細胞的形態作出診斷。近二十年間，活組織檢查應用了很多新技術，例如乳癌的病理報告中已加入雌激素受體(estrogen receptor)、黃體酮受體(progestogen receptor)、HER2受體等指標；肺癌也加入EGFR、ALK、ROS1突變因子測試，使得治療更加有針對性。

基因測試與臨床測試及用藥效果比對，加上電腦數據庫分析，尋找可行動的目標基因(actionable targets)及可用藥物，針對性治療。此外，某些藥物的抗藥性也有機會在廣泛型癌症基因檢測中推斷出來，免除不必要試藥的風險及時間。

近年亦有新的數據。某些腫瘤有細胞錯配修復功能缺陷(dMMR)及微衛星不穩定性高(MSI)的情況下，免疫療法具有很高的成效。如果有以上描述的情況下，研究發現我們已不需根據腫瘤的原發位置，例如乳癌、肺癌、腸癌來決定治療方案，根據這些基因的特質可以決定用免疫療法。

腫瘤突變基因因時而變

腫瘤在經過一段時間的生長以後，或受到藥物治療後，會有可能發生不同的基因變化，所以在發生標靶或化療抗藥性後，有時醫生會決定再做活檢，確定有否新的基因變異情況，從而使用不同的治療方法。例如在肺癌中EGFR受體經過標靶治療後可能會有所變異，例如T790M會在約40-50%病人身上出現，此類病人可使用新一代的標靶藥物，效果相當不俗。

一般來説腫瘤的活檢是癌細胞測試的來源，但若不能在靠近病人表面的組織取樣化驗，便要用入侵性的檢查，例如抽驗肺部組織，可能引起流血、發炎、氣胸等併發症。其他位置例如肝部、縱隔淋巴亦可能有相似的問題。同時亦是對病人有心理上的壓力，所以某些醫生會利用血液裏的遊離DNA作測試。

液態生物檢測(Liquid Biopsy)

這是檢查體液裡例如：血液、唾液、尿液、胸水、腦脊液等的循環腫瘤DNA，省卻了入侵性活組織檢查的問題。當然我們必須理解液態生物檢測的準確性，是因為腫瘤細胞數量的多少、體液裡的游離DNA的數量決定，在大範圍的擴散性病人更為有高準確性；陰性的機會在細小的腫瘤較為常見。

使用液體活檢是監測癌症的新模式。

1. 它可用於監測腫瘤負荷。臨床應用可以預測復發。例如手術後，可以採取第一次血樣檢查突變狀態。高值的細胞游離DNA可以指示殘留的疾病。
2. 通過定期檢查血液，我們可以評估變異等位基因頻率(Variant allele frequency)來決定腫瘤負荷、復發、對治療的反應。
3. 有時，結果可以幫助我們選擇合適的靶向治療。
4. 區分良性和惡性病變：單個小病灶，例如肺影，可以是一個診斷問題。液體活檢可能是有用的。
5. 我們需要了解假陰性情況，這對於腫瘤負荷低的患者尤為重要。

儘管它昂貴且耗時，該方法比使用普通腫瘤標誌(tumor markers)，例如CEA，CA15.3更具特異性(specificity)，即時對於是否腫瘤復發，有更正確的判斷。

檢查組織的局限性

取檢組織的標本必需足夠，否則只會徒勞無功。由於工序複雜，需時至少兩星期。有時測試未必能找出可用藥的基因突變，也可能藥物並未開始銷售，仍在測試階段。所以事前請向醫生詳細瞭解，以免期望過高。

我們亦必須明白到癌細胞的多樣性和其他不可知的因素。得到回應機率是不明確的。但綜合基因組分析在有限制範圍內是有希望的方案。

此外，病人亦應考慮目前治癌藥物費用高昂，財政上的長遠負擔亦必須一併考慮。解決了一個問題，又衍生了其他的問題。

治癌藥物的抗藥性怎樣解決 ？

單一的藥物要驗證它的成效，必須單一的使用。應用之後，以臨床方法，例如抽血驗腫瘤指標、造影素描等，決定它的成效。標靶治療一般在應用一段時間後會產生抗藥性，這時候，我們便要再檢查腫瘤基因突變情況，再決定下一步。若病人不想再接受活檢或游離DNA測試的話，有時多靶點的標靶藥可能有效，但必須要徵求醫生及病人雙方的諒解才可決定。

怎樣結合更加有療效而又少副作用的結合治療呢？

化療、標靶治療、免疫療法、放射治療很多時都可以互相補不足之處，有很多臨床的研究也在進行當中，例如放射治療治療與免疫治療同步進行，可能會增加免疫療法的效用。我期待在不久之將來，有更加多珍貴的醫療數據和資料會公佈。

怎樣解決錢的問題呢？

醫療發展至今，癌症治療已成為一種慢性病，如果有很多金錢支撐的話，病人可能生存很長時間。可想而知，花費的金錢也不可少，那麼誰可以負責這筆費用呢？

當然，醫療保險是先進國家保障個人醫療的一大選擇。但是如今的醫療使費如此龐大，普通的個人醫療保險已經不能追及檢查及藥物的增長幅度。所以在社會保障的層面上，政府或醫療機構需要擔當一個更重要的位置，例如協商藥廠、有關醫療行業的規管，收費透明、藥物使費封頂，公立及私家醫療雙軌互相協助，以私家醫療快速的治療，及早開始治療某些緊急的個案等，當然更佳的制度需要更多的協調。

病人方面也是有各自各的想法，有些強烈追求生命時間，有些則在乎生活質素多一點，但大部分病人是介乎兩者之間。金錢的使用也是各有各的想法，由於金額巨大，使用大量政府資源補貼藥物開支也不是長久之計，所以必須量入為出，暫時這些尖端的昂貴治療，還是暫時由病人個人的選擇為佳。

在這些個案當中有些病人得到親友的募集；有些參與了藥廠的贊助計劃，得到免費的藥物；有些藥物有封頂的資助，治療了相當時間之後，藥物便會免費。我期望藥物的價格下調，或專利藥物到期後，有非原廠藥物加快生產，例如第一代的肺癌EGFR標靶藥已經有非原廠藥物，價格下調幅度很大，實在對貧苦病人幫助很大。

寄望科學進步亦寄望各方面多多合作促進醫療的發展。

香港癌症概況

根據香港癌症資料統計中心數據，在2016年，本港共診斷出逾3萬宗癌症新症，比2015年增加了3.8%。當中男性患者亦比2015年增加了663人(4.3%)，女性患者則增加了487人(3.3%)，情況值得關注。

數據亦顯示，男性的首四位常見癌症為：大腸癌(19.8%)、肺癌(19.2%)、前列腺癌(11.9%)及肝癌(8.7%)，女性的首四位常見癌症則為乳癌(26.6%)、大腸癌(14.7%)、肺癌(12%)及子宮體癌(6.8%)。在整體癌症的死亡率方面，肺癌死亡率為最高(26.6%)，其次為大腸癌(14.7%)及肝癌(10.8%)。

癌症與基因突變

人體約有兩萬多個基因，當中有約400個基因是與癌症關係密切。多種因素如環境污染、不良生活習慣等等，均有可能使控制細胞生長的基因發生突變，不斷傳送刺激細胞生長的訊號，導致細胞不能正常運作並出現異常增生，當細胞持續累積且愈來愈大，繼而形成腫瘤。

不能忽視的是，某些基因突變也會有遺傳性，有約5-10%的癌症是由遺傳性基因突變引起，多見於遺傳性乳癌、前列腺癌及卵巢癌。舉例如帶有BRCA1、2基因突變的癌症患者，不分性別，均有機會將癌症基因突變遺傳至下一代，增加其子女患上遺傳性乳癌及卵巢癌的機會。

以往治療晚期癌症的方法為化學治療，其原理是用藥物來殺死快速分裂的細胞，包括癌細胞，甚至部分正常細胞也會被殺死，因而引起不少副作用如噁心、口腔炎等。惟在醫療技術不斷進步下，於90年代尾開始使用標靶治療來對抗晚期癌症，其針對性較高，可以阻截特定的癌症生長訊號，相應的副作用也較少。

癌症新趨勢—精準醫療

近年精準醫療逐漸成為治療癌症的新趨勢，透過使用癌症基因檢測，有助找出個別患者的癌細胞生物標記，讓醫生可採用針對性、個人化的治療方案，對症下藥，令治療療效大大提升。根據2016年大型國際研究顯示，運用傳統醫療，平均臨床反應只有30%，但使用精準治療則可達到至少67%的臨床反應，較傳統治療高出一倍。另一方面，因癌症基因檢測可評估藥物對個別患者的效用，進而擬定合適的治療方案，與傳統醫療相比，亦可避免患者多次的試藥風險及時間，整體醫療成本也能大大減低。

找出癌細胞生物標記的常見方法

免疫組織化學(immunohistochemistry,IHC)

透過抗原和抗體之間專一性結合，繼而可找出細胞中是否有相應抗原(包括病原體、核酸、多醣、蛋白質等等)，也可同時得知抗原表現的位置及數量。一般的周轉時間約為10-14天，成本亦相對較低。現時多用此方法來檢測乳腺癌患者的腫瘤有否HER2基因突變，從而可使用標靶藥來抑制HER2過度表現或HER2基因擴增來治療。但結果也受不同因素影響如不同結果標準、免疫組化染色方法、抗原修復液的選用等。

聚合酶連鎖反應(PCR)

其原理是將特定的一段基因序列在短時間內大量複製，從中再找出特定生物標誌物。其優點在於周轉時間快，測試只需幾小時左右，同時對樣本的限制較低，檢測所需的完整DNA序列相對較短。但在癌症基因檢測方面，因此方法只可測試一個或幾個基因，以及幾種標靶藥物，故獲得的癌症資訊則相對較少。

次世代基因定序(Next Generation Sequencing, NGS)

次世代基因定序(NGS)為最新的基因定序法，相比傳統定序法桑格法(Sanger)，其技術靈敏度及準確性高。而檢測步驟，主要可分為四大部分，包含核酸片段化(Fragmentation)、建庫(Library Construction)、高通量定序 (High-throughput Sequencing)、分析(Analysis)。至於定序的方式則可分為單端定序(Single End)、雙端定序(Paired-End)兩類。

故次世代基因定序(NGS)成為了新一代檢測基因突變的方法，其可在一次基因定序過程中同時檢測最多幾百個與癌症有關的基因，若找到具有臨床意義的基因突變，便可視乎癌細胞與抗癌藥的特性，制定對癌症病人最有效的標靶藥物或免疫治療方針，提高用藥選擇的精準度及治療反應率，同時亦更可切合不同癌症患者的需要。除了應用於癌症相關基因檢測，次世代基因定序也可應用於產前檢查，以查看嬰兒是否有患上唐氏綜合症等常見遺傳性疾病的機會。

檢體種類：組織檢體V.S.液體活檢

癌症檢測主要會利用組織及血液兩種檢體作檢測。首先，組織檢體可應用在不同的技術上，例如經H&E染色方法，可確定癌細胞的形態及階段；若使用來進行IHC染色或PCR檢測，則可檢測出病患的癌細胞中是否帶有特定的生物標記或基因突變，用以處方相對應之抗癌藥，或可用以預測相關標靶藥的療效。

至近二十年間，組織檢體應用於次世代基因定序，配合生物信息學的分析(Bioinformatic analysis)，例如: 多項臨床測試及用藥效果比較，加上數據庫分析的技術，在找出相關基因變異的情況下，亦能同時配對出可行的目標基因(actionable targets)及藥物治療。能為癌症患者提供全面性的資訊，以制定出較為針對性的抗癌方案。

福馬林固定石蠟包埋(FFPE)為常規用以保存組織檢體的方法之一。主要作法是將取得的病人組織用福馬林固定後再包埋在石蠟塊之中，之後可切片製成玻片標本並染色，讓病理科醫生用作診斷癌症種類與分期。此方法可長時間維持組織的形態，有利長期保存並進行多項癌症檢測或研究。

而液體活檢(Liquid biopsy)則是抽取患者體液來做檢測，包括：血液、唾液、尿液、胸水、腦脊液等，視乎情況及需要而定。舉例：由患者身上抽取的血液可用作癌胚抗原蛋白（CEA）測試，以檢測體內是否有癌細胞存在，但此指標會受身體出現炎症反應等因素而升高，故出現假陽性的機會較高。

同時，又可用來進行醣蛋白抗原125(CA125)測試，常用於檢測卵巢癌及監控用藥效果，但有些疾病如子宮內膜異位症、腹膜炎等，也會令指數上升，繼而影響檢測的準確度。

另外，血液亦可用作進行次世代基因定序，檢測血液中的循環腫瘤DNA，提供腫瘤變異的情況，故適合用作長期監控腫瘤的基因變異。因其癌症檢出率的差別相對較大，故引用美國NCCN肺癌腫瘤治療指引建議，第一線治療應以檢測FFPE檢體為主。但對於無法取得組織樣本的患者(如正處於癌症晚期)，則可以液態樣本代替。

臨床應用

一般的癌症基因檢測，多數使用PCR的方法，因為能在數小時後得到檢測結果。但每次只可檢測一個至數個基因，一旦結果不如醫生預期或未能檢測出相對應之抗癌藥；需重複檢測不同基因以期能找到特定的腫瘤基因突變或生物標記。此種檢測方法，有機會令不少影響用藥的基因資訊或未能在第一次的檢驗過程中被檢測出來，每次只可測試小量的標靶藥物是否合適，故檢測所得的資料有限，而如此反覆的PCR檢測過程亦會消耗病人檢體並可能延遲治療的時間。

透過次世代基因定序(NGS)技術提供廣泛型癌症檢測(Comprehensive Genomic Profile)，可同時檢測幾百個癌症相關的重要基因，避免出現檢測結果不完整而需重覆檢測的問題，同時又可提供多樣的用藥資訊，如合適的標靶藥物、化學治療、荷爾蒙治療及免疫治療等等，臨床效益較高。此檢測於臨床應用上，除了能有助醫生於治療前，為患者選擇最適合及有效的藥物外，也能減少當重複檢測的費用與病人檢體的消耗。另一方面，當治療效果未達預期效果時，也可參考檢測結果，以助評估病情及調整治療方案。

同時，也能透過次世代基因定序(NGS)檢測作為癌症病情的監控，因為檢測結果能提供腫瘤的基因變異情況，適合用作長期監控病情。相比傳統影像檢查，這檢測能更早偵測病情復發，亦可追蹤抗藥性，從而有助把握治療黃金期。

罕見腫瘤治療見曙光

現時醫學界對治療罕見腫瘤的經驗較少，加上大型研究又難以執行，所以癌症基因檢測便尤其重要。

現時於針對基因變異治療上已有不少突破性的發展，如胃腸道基質腫瘤(GIST)發現有KIT突變，可使用酪氨酸激酶抑制劑(TKI)；惡性黑色素瘤(Malignant Melanoma)發現有BRAF突變，可使用針對BRAF及MEK的標靶藥物；某些肺癌有ALK突變，則可用針對ALK突變的標靶藥物。

局限性

首先，進行次世代基因定序檢測(NGS)前，需知所取檢的組織標本必須包含足夠的腫瘤組織(檢體腫瘤的含量至少有10%以上，30%以上為佳)，否則只會徒勞無功。

使用手術取得的組織樣本來進行檢測為最佳，但若以福馬林固定石蠟包埋(FFPE)保存的組織檢體超過5年便不適用於次世代基因定序檢測。

患者亦應有心理準備，有時測試未必能找出可用藥的基因突變或找到的可用藥的基因突變，未能應用在患者本身的癌種或仍在臨床試驗階段。所以患者宜事前詳細向醫生查詢，以免期望過高。

另外，我們亦需明白癌細胞的多樣性及其他不可知的因素，會令患者對藥物的反應機率不明確，例如引用胸部腫瘤學雜誌(JTO)發表的研究，因腫瘤異質性、ARMS檢測低敏感性等因素，組織與液體活檢會出現結果不一的情況。但綜合基因組分析，在有限制範圍內仍是有機會找到合適的治療方案。

此外，由於次世代基因檢測(NGS)的實驗過程工序複雜，從確定檢體合格後至報告完成需時約兩星期(14天)。而患者也要一併考慮目前的抗癌的標靶藥物費用價格高昂，或會對經濟造成長遠的負擔。

免疫治療=治療新希望？

當病情處於後期，癌細胞已出現擴散，手術、化療、電療都無法控制病情，患者還可接受其他治療嗎？近年免疫治療成為了治療癌症的熱話。簡單來說，癌細胞能在人體內不受控制生長，是因為癌細胞會產生特殊物質(PD-L1)以混淆體內的淋巴細胞避免被其攻擊；而免疫治療的原理是利用藥物來阻斷癌細胞「偽裝」以調節體內自身的免疫系統，令淋巴細胞可識別及攻擊癌細胞。常見的治療有兩種，分別為免疫檢查點抑制劑及細胞免疫治療。

但值得留意的是，雖於部分接受多線治療無效的患者身上，免疫治療能帶來頗好的療效，且療效時間亦相對較長。但患者或會出現疲倦、腹瀉及皮膚出紅疹等副作用，針對一些免疫力過強的患者，更有可能引致自身免疫系統攻擊正常細胞的情況，令患者患上肝炎、甲狀腺炎等疾病，但發生機率較低。

為避免治療反應率偏低，並減少需面對嚴重副作用的機率，事前進行相關檢測用以篩選適合免疫療法的患者便尤其重要。臨床試驗數據顯示，若沒有事前的檢測以篩選適合的患者，就使用免疫療法只有約兩成(~20%)患者有較佳的治療效果(即治療反應高)。

此外，近年已有不少研究發現，如患者的腫瘤帶有某些生物標記(biomarker)，其使用免疫治療的反應會較高。而用於預測免疫檢查點抑制劑的生物標記，主要包括：

PD-L1表達水平：此標記為評估免疫治療的常用指標。腫瘤PD-L1表達愈高，使用免疫治療的反應和患者存活率便會愈高。

腫瘤突變負荷(TMB)：此指標會量度腫瘤中的基因突變數量。引用Checkmate 026臨床研究，與低TMB患者相比，高TMB患者進行免疫檢查點抑制劑治療後，有較長的無惡化存活期(PFS)及較好的治療反應。但最新的Checkmate 227分析又顯示，高TMB與低TMB的患者之間的存活率(Overall Survival)差異並無太大的差別。

微衛星不穩定性(MSI)：當人體內的錯配修復基因發生基因突變，繼而便會引致細胞錯配修復功能缺陷(dMMR)，令微衛星不穩定性(MSI)水平上升，而有細胞錯配修復功能缺陷亦會增加細胞突變負荷。針對胃癌，MSI水平較高的患者使用免疫治療藥的有效率較高。另外現時美國國立綜合癌症網路(NCCN)亦已將此標記加入大腸癌的治療指引中。

免疫調節基因(Immune-related genes)：IFN信號能誘導免疫系統T細胞，攻擊癌細胞，但免疫調節基因會阻擋IFN信號的傳遞，令腫瘤逃過T細胞的攻擊，因此使用免疫治療前可檢測免疫調節基因有否出現突變，以助預測發生抗藥性的機會。

預測療效的限制及困難

但要檢測以上的生物標記檢測並評估，仍有一定的限制及困難。在PD-L1表達水平方面，因PD-L1水平會受到癌症治療影響，水平有機會隨治療的推進而有所改變。同時，於同一個癌細胞上的不同位置，其PD-L1表達水平也有可能不一樣，種種因素均會增加用此水平來預測療效的難度。

另在腫瘤突變負荷(TMB)方面，全外顯子定序(WES)被視為評估TMB的標準方法，但會受到不同因素的影響，如：檢測費用昂貴、對檢體的需求量高、檢測時間長及分析困難等，都令此方法在臨床運用上受到限制。雖然現時可透過Target panel作代替，但仍要考慮多種因素，如：腫瘤細胞數量、生物資訊分析方式等，才能準確地評估出TMB標記及臨界點。加上，現時對某些生物標記的檢測標準、生物資訊分析方式尚未有清晰的共識與標準，都會增加使用TMB來篩選病人的困難及限制。

但總結而言，精密且準確的藥物配對是癌症治療的一大進步。醫生了解腫瘤的基因組成，可為每個患者制定針對性、個人化的治療方案，並向患者提供當前最合適的可用藥物，以獲取較高的反應機會；有些患者亦可能因測試結果而有望接受新藥臨床試驗。

以下的15個案例，將有助大家深入了解精準醫療在癌症治療領域上的應用實況及優勢。

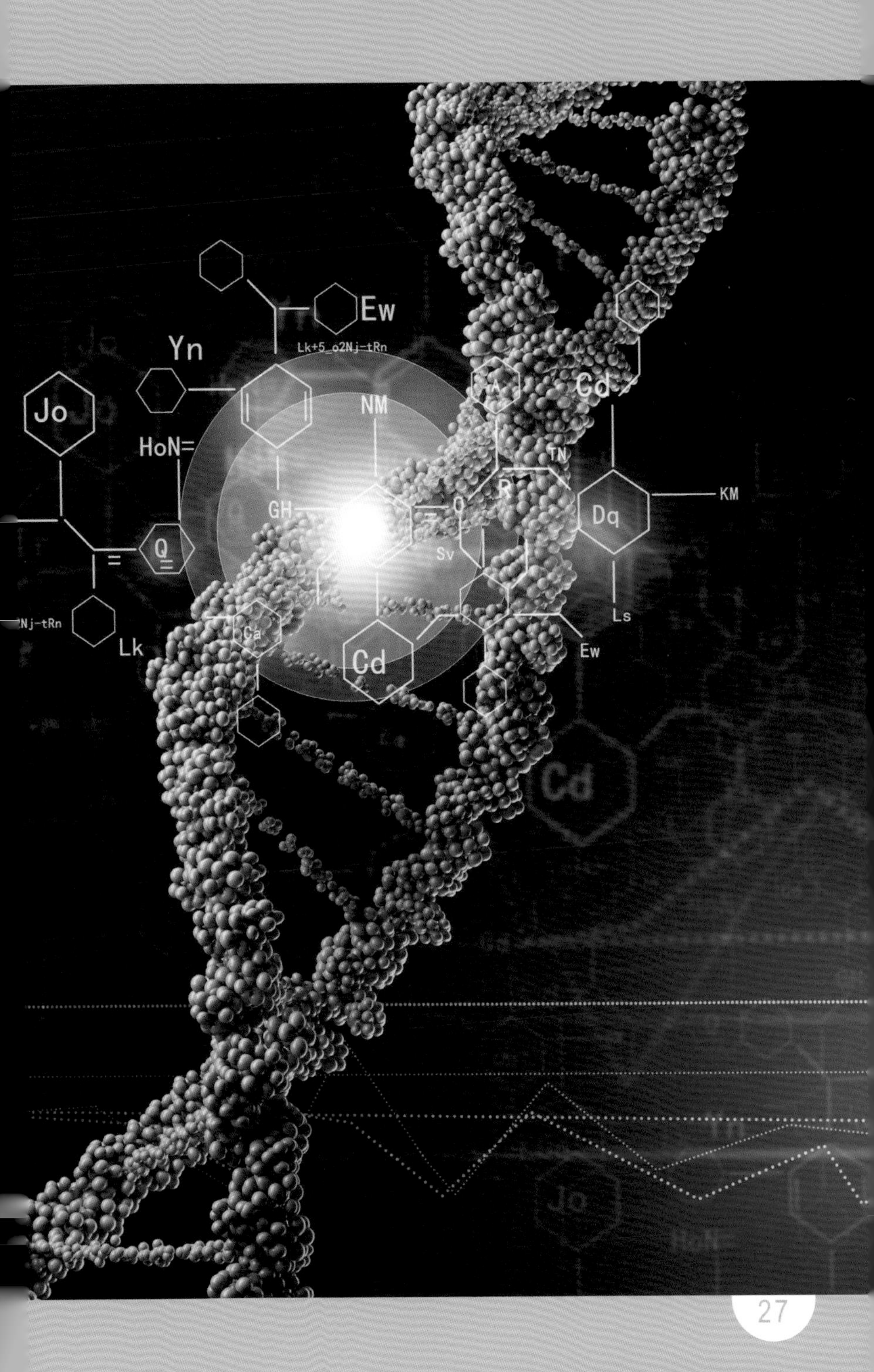
Ew
Lk+5_o2Nj-tRn
Yn
Jo
HoN=
NM
Cd
TN
R
KM
GH
O
Dq
Q
Sv
Nj-tRn
Ca
Lk
Cd
Ls
Ew
Cd

當你見到天上星星……

臨床腫瘤科專科林河清醫生

BRCA 基因突變前列腺癌

「1、2、3、4……」

遙望那懸在半空的閃亮光芒，大大小小、隨風飄動。這原是陳先生最愛跟太太玩的遊戲。

沿著熟悉的路步往尖東海傍，途經文化中心前的行人路，轉身，遠看馬路對面半空，綴滿細碎燈泡的建築物，閃耀着一顆一顆明亮星星，璀璨奪目。每一年，他們總會把臂同來觀賞細數。

「36！」陳先生說。「怎會？是42吧！」陳太太帶笑，搶著回答：「你每次都數錯……哈哈」笑聲中，走著走著，又一個難忘而甜蜜的聖誕。今年聖誕更是夫婦一同走過60年的鑽婚紀念，也就更別具意義。

想也沒想過，如此值得慶祝的一天，陳先生竟能與老伴，舊地重遊……

嚴重頭痛難以入眠

今年已屆82歲的陳先生，去年經常出現嚴重頭痛，往往痛得無法入睡，就算睡著了也會半夜痛醒，經陳太勸説後，便向醫生求診。

透過PET/CT斷層掃描檢查，竟發現腦部有10多處腫瘤。

「是腦癌嗎？」他心中疑惑。「沒理由吧！我怎會患腦癌？是不是驗錯了？！」

進一步的檢查結果，確定其腦部腫瘤原發自前列腺。他被確診前列腺癌第四期。

「我們會先採用一般常規治療，約為期三個月的賀爾蒙治療及電療。看看治療反應後，再決定往後的治療對策。」醫生耐心解釋。

不過療程接近終結，陳先生的病情仍沒起色。腦部腫瘤無法良好控制之餘，數量更比前增加。與此同時，其身體狀況亦急劇惡化，出現排尿困難、行動不便和臥床不起的症狀。

「為何會這樣？醫生，我的丈夫是否沒得醫了？」看着丈夫在病床上受苦，陳太心情混亂，不知所措。

「由於現有的常規治療無法有效控制陳先生病情，我們建議採用次世代基因定序檢測(NGS)協助篩選出適合的抗癌藥物，或有機會為陳先生找到適合的治療。」雖然對基因診斷所知有限，但醫生的話，仍為陳太帶來一絲希望。

「幸運」的BRCAness基因突變

檢測公司利用陳先生的腫瘤樣本進行檢測，並確定了腫瘤帶有”BRCAness”基因突變。雖然“BRCAness”基因突變通常與女性癌症如乳腺癌和卵巢癌有關，不幸中之幸運，陳先生的腫瘤樣本中，也帶有這種類型的基因組突變。

「⋯⋯這表示他可能對PARP抑制劑的標靶藥物有較好反應。」醫生道出好消息，陳太聽罷，內心極感欣慰，多麼希望，丈夫這次真的有藥可治。

商討過後，醫生決定採用PARP抑制劑穩定病情。隨著療程一次又一次的應用，陳先生的症狀竟漸漸受控。

「陳太，經過四星期的PARP抑制劑治療後，陳先生腦部的腫瘤明顯縮小。8星期治療後，斷層掃描亦顯示腦部10多處腫瘤幾乎消失。恭喜你們！」醫生又再帶來好消息，陳太靜心聽著，不敢錯過每個字，直至接收完整個訊息，她仍感到難以置信。

「醫生⋯⋯我有可能帶他出院走走嗎？⋯⋯我們的鑽婚紀念快到了。」陳太欲言又止，話中難掩心中顧慮。

「既然陳先生目前情況穩定了，當然可以了。」醫生的允許，將陳太的擔心一掃而空，也開始對那天充滿期待。畢竟是一年一度的約會，過去也風雨不改，這次又怎可錯過？

真心感激這段日子……

數過星星，倆口子沿著星光大道漫步，在醉人的維港夜色下，細說從前。

「記得嗎？當年就在這裡，你為了一杯雪糕，生我氣！」陳先生回想起50年前一段可堪回味的往事。

「當然！誰叫你居然忘了我最愛的口味！」陳太太輕聲責怪。歲月彷彿又回到久遠的以前，日子過得簡單、平凡，一份如水長流的感情卻又歷久常在。

這刻行動自如的陳先生，跟數星期前仍未服用標靶藥，臥床不起，受排尿難困擾的情況，猶如兩極。他與陳太也估不到，現在竟可如往常般走路、說話，還能吃一口心愛的雪糕。

「我們就像重回剛相識那天一樣……」這圓滿的一天，成為陳太畢生難忘的回憶。

六個月後，由於器官衰竭，陳先生不幸先走一步，跟最愛及家人訣別。

「真心感激這段日子讓我和丈夫過了個有意義的聖誕……」在寫給醫生的感謝卡上，陳太字字流露著由衷感謝。

這六個月一起共度的最後時光，短暫卻永恆，當中有回憶、有歡笑，卻沒有未了的心願。

醫生的便箋

次世代基因測試在第四期癌症中，可以引導治療方向。例如發現BRCA基因突變。

“BRCAness”的概念定義了多種癌症的發病機制和易損性。缺乏BRCA的細胞容易出錯及有DNA修復缺憾，靶向小分子抑製劑可以加強其他治療方法的效用。例如，在乳癌中結合PARP抑製劑和荷爾蒙治療，或在其他癌症，結合化療，甚至乎放射治療，從而加強對腫瘤細胞的控制。

醫學上研究顯示，PARP抑製劑可用於乳癌、卵巢癌、前列腺癌、胰臟癌等。

當然，有很多其他的標靶藥物仍在研究當中，在這類別截擊癌症的生長途徑上，標靶治療起了很大的功效。

標靶藥物亦並非全無副作用，可能有對骨髓細胞影響，導致血細胞數量過低，所以醫生必須小心評估病人用藥後的狀況，避免危險的發生。在病人應用方面，我們需要更多的數據幫助我們加強藥物的效用，減少對病人整體的副作用。

解得開的心鎖

臨床腫瘤科專科羅振基醫生

侵入性膀胱癌

「你就回來看看他吧！始終是父女一場……」哥哥在電話另一邊請求，惠儀如鐵石般堅決的態度，終有點軟化。離開這個家，少說也有20年。

「你永遠都是那樣偏心，重男輕女。好吧！我也不想留在這裡……」跟爸爸一場激烈爭吵後，剛投身社會工作的惠儀，就此離開這個住了18年的家，起初暫住朋友家中，到後來更結婚生子，建立屬於自己的家庭。這20年，除了偶爾致電母親，關心近況，跟父親，可說是不相往來。

「他啊，最近總是沒有精神，又常說腰痛……」一次跟母親講電話時，從她口中得知父親近況。

「又如何？好煩。媽……不要再提這個人了。」惠儀一貫決絕，無論母親說甚麼，她都聽不進耳，談沒多久，便主動提出掛線了。

徵狀確實不尋常

一般傷風感冒，惠儀母親都甚少主動提起。只是這次她真的擔心了，因為丈夫的徵狀持續了一段時間，確實有點不尋常。

除了腰痛，70歲的張先生還有尿頻及小便困難，一有尿意便需急急上廁所，但每次等了很久，也只能排一點點尿。有次更等了近3分鐘，仍然排不出尿來。人更漸漸沒胃口，連平常最愛吃的點心也提不起興趣。

「不是了，爸，還是去看看醫生吧！我明天請假陪你去。」看着父親精神日差，兒子亦覺得不應再拖。

一如他們所料，不尋常徵狀果然預示身體出了嚴重問題。

「經詳細檢查和診斷，張先生確診侵入性膀胱癌。」這個最不想聽到的壞消息，終由醫生口中道出。

「……初步化學免疫組織染色結果顯示，荷爾蒙治療不適用。考慮到張先生的年齡、身體狀況和疾病階段，常規的化學療法和放射治療並不合適……」醫生繼續解釋。

本已十分擔心的張太，坐着無言。靜默的空氣中，只得兒子冷靜追問。

「你意思是，我們要有心理準備……？」

仍有藥物可選

「又不是的，我們還有藥物可以選擇。」了解到家人的擔心，未待兒子進一步追問，醫生便主動提出其他可能性。

「由於常規治療並不適用，我們建議張先生接受次世代基因定序檢測(NGS)，來確定抗癌藥物的選擇。也就是說，如果基因檢測確定腫瘤帶有基因突變，或可選用針對性的治療藥物。」

多基因檢測結果顯示，張先生的腫瘤樣本帶有多種基因組改變。最重要的是，發現腫瘤突變負荷(TMB)指數高於標準值。

「那表示，張先生很有可能對免疫檢查點抑制劑(Immune Checkpoint Inhibitor, ICI)，一種免疫療法有較佳治療反應。」兒子和張太一臉疑惑，但大概知道醫生的意思是：有藥可治！

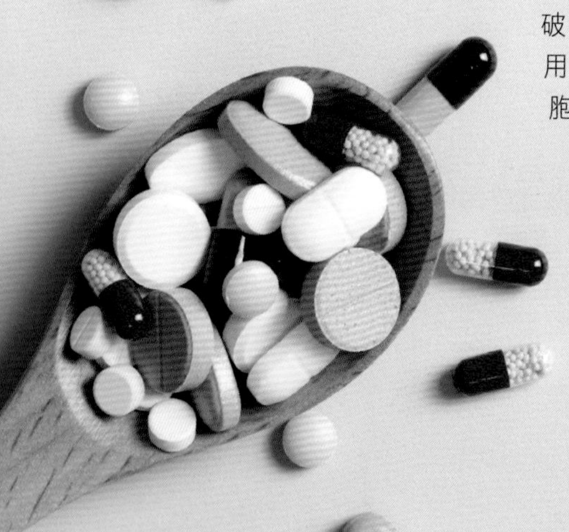

「哦！是這樣的。ICI療法的發展是近年醫學上的重大突破，但並非每位癌症患者也適用。若沒事前檢測到腫瘤細胞帶有特定生物標記，俗稱『未選擇患者』，就使用這種療法，治療反應一般不理想。臨床文獻也證實未選擇的膀胱癌患者對此療法的治療反應率很低，通常是15-30%。」

「爸，你又要上班了……」

得知這個好消息後，兒子二話不説，決定打給已離家20年的妹妹，希望她回來看看父親。

「我當作是回來看媽媽吧！反正很久沒見她……」哥哥勸了近半小時，惠儀最終吐出這句。

抵達醫院，看見消瘦不少的父親，惠儀心裡有點訝異，但亦故作若無其事。這一次見面，她並沒逗留太久，也不曾跟父親交談一句，便離開了。

結合多基因測試的結果，醫生最終處方了ICI療法，作為張先生的首選治療。並且僅僅在3次劑量後，病情便得到顯著改善。

轉眼一個月過去。事前沒通知哥哥和母親，一天，惠儀趁公司裝修可提早下班的空檔，偷偷去了醫院探望。抵步時，父親正在熟睡。

就坐在距離病床數步之遙的窗邊遠望父親，寧靜的病房裡，秒針的「腳步聲」清晰有序，矇矓間，竟將她思緒帶回6歲的兒時。

「……爸你又要上班了，不能陪我玩……」看著匆匆吃過晚飯便趕著出門上夜班的爸爸，那時的惠儀總是滿腦疑問 — 為何同學都有爸爸陪玩玩具？我卻沒有？也是從那時起，她學會沒事就看着時鐘，1秒，10分鐘、2小時……早上7點鐘。好不容易終於在睡醒時看到父親回來的疲累身影，雖然洗完澡，他便會回房倒頭大睡，但惠儀心裡就是有種安定的感覺。但與此同時，看着時間一分一秒過，她又會不期然擔心父親晚上又會再離開……。

還好他還在……

「小姐，不好意思，我們的探病時間已過了。」輕推椅子上睡着了的惠儀，護士禮貌地表示。

本能地用目光搜尋父親身影，看到他仍在熟睡，「還好他還在！」惠儀不期然吐出這句，感覺就如小時看到父親夜班後回家休息那樣釋懷。

由於治療反應理想，張先生的ICI治療方案仍在進行，但隨着病情逐漸穩定下來，他已由每3週一次，改為每6週接受一次ICI治療。

「媽，醫生說，爸以後可以每6星期才回醫院了。他快生日了，不如試試約妹妹下星期去吃飯慶祝吧！」兒子急不及待告訴母親好消息。

「阿儀……她會肯嗎？」母親深知女兒的倔強個性，都不敢有任何期望。

「盡量試了！」兒子語氣不太確定，但覺得就姑且一試吧！

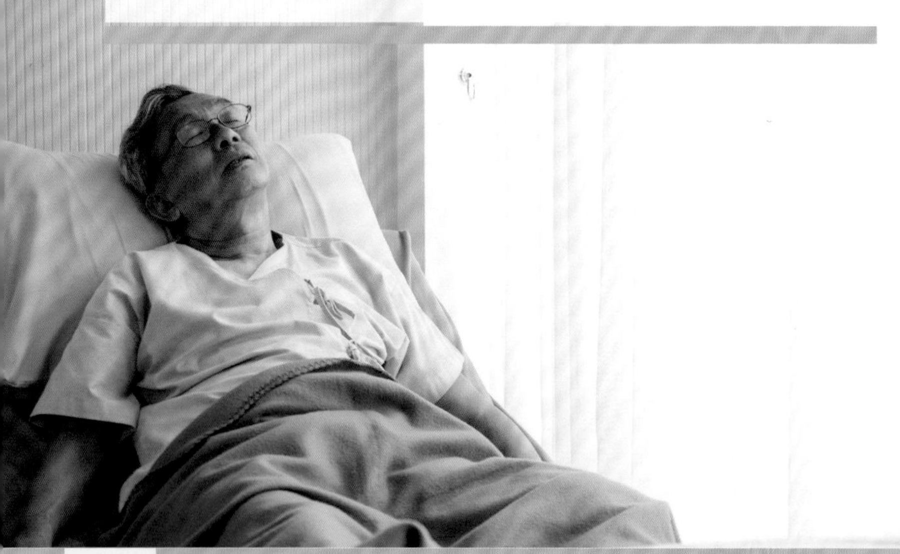

電話接通。

「喂……沒啊，爸爸下星期六生日，如果大家一起吃飯，你覺得可能嗎？」，哥哥用試探口吻問。

電話的另一邊靜默了好幾秒。

「嗯……我那天要上班……」

「……不如這樣，你們先到酒樓點菜，我應該差不多時間便會到了。」

醫生的便箋

人體有免疫能力，為何我們的免疫細胞不能殺死癌細胞?其中一個原因是，某些癌細胞可以喬裝成正常細胞,逃避人體免疫細胞的圍剿。

如今 PD-1 / PD-L1免疫療法可使浸潤的T白細胞(T cells)殺死腫瘤細胞，已成為克服多種癌症的有力武器。免疫療法在一部分癌症患者中引起持久的療效，例如黑色素瘤和非小細胞肺癌。

但是我們怎樣釐定哪一類病人會得益？除了在生物標本上量度細胞PDL-1比率外，還有其他有效指標: 高微衛星不穩定性(Microsatellite instability-high)和細胞錯配修復功能缺憾(dMMR)，在這類情況下，已通過免疫療法成為'泛'腫瘤治療的可行性先決條件 。

近年更多的基因研究發現，腫瘤突變負擔(TMB)，可以預測對免疫檢查點抑製劑(ICI)的反應，較高的TMB數值預測多種腫瘤對免疫療法療效良好。

永恆的避風港

臨床腫瘤科專科周倩明醫生

BRCA2
基因突變膀胱癌

「老公你又忘記沖廁！咦…你的尿怎麼有血！」

「老婆你別那麼大聲…很小事而已，都好幾日了…」

「什麼？！你有血尿幾日還不快去看醫生？」

「你別大驚小怪，可能只是『熱氣』而已，再過一陣子就好了！」

「你還拖拖拉拉！如果身體真有什麼事怎麼辦！我明天就陪你去看醫生！」在妻子的施壓下阿強只能無奈答應，卻不曾想過這個決定如何影響往後的生活。

平凡生活的波瀾

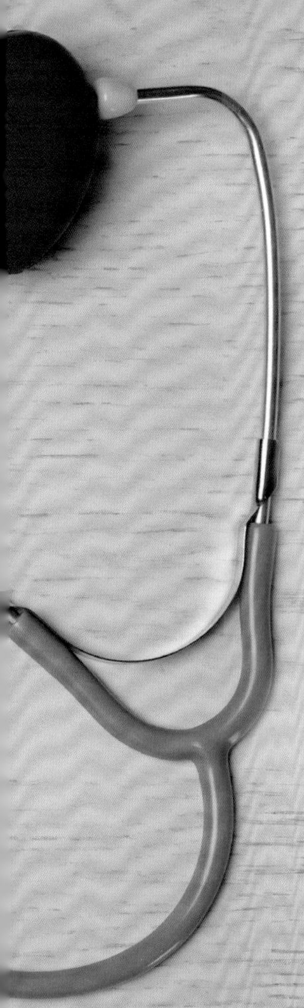

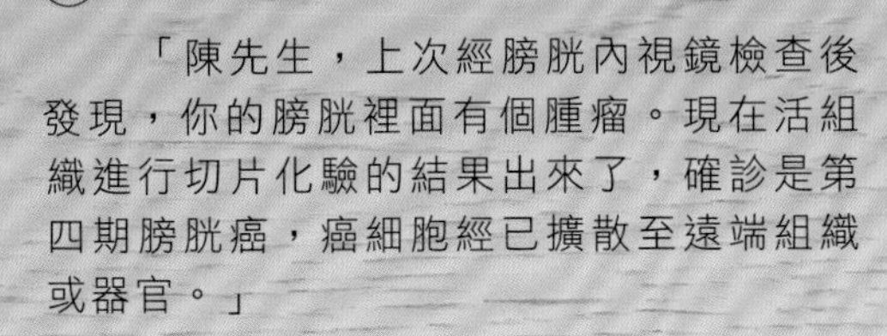

「陳先生，上次經膀胱內視鏡檢查後發現，你的膀胱裡面有個腫瘤。現在活組織進行切片化驗的結果出來了，確診是第四期膀胱癌，癌細胞經已擴散至遠端組織或器官。」

「不是吧……中間會出錯嗎？」阿強猶如晴天霹靂。

「對啊，醫生請你看清楚一點！」阿強妻子也急得流下淚來。

「很抱歉，是真的。我明白你們一時之間較難接受…我會再為你安排進行正電子及電腦雙融掃描，看看癌細胞擴散的情況。」

不幸的是，正電子及電腦雙融掃描顯示阿強的癌細胞早已擴散到淋巴組織，而左側的鎖骨上窩淋巴、肺部、肝臟、骨骼等部分皆呈受影響。一個個壞消息如同從天投下的核彈，為他的平凡生活掀起巨大波瀾。

惡戰開始

阿強的抗癌之戰終於在2016年拉開帷幕。

基於身體狀況，他辭掉廚師一職來休養，並開始接受針對肝臟、頸部及盆腔淋巴的化學治療合併放射治療。頸部淋巴及盆腔淋巴的腫瘤得以縮小，兩個位置其後再也沒有復發。儘管如此，阿強自接受治療後卻開始出現貧血(血紅蛋白低)、白血球減少及血小板減少的問題，需要輸血。

「老公，你撐住，我會陪你的。」「嗯。」可惜情況未如阿強所想，副作用持續下去有一定危險，故經醫生評估後須停用化療，癌症於是再次復發，還出現新的肝擴散。

孤注一擲　可有曙光？

手術不適用，而化療、電療都用過了，再也沒有其他可行方案。難道要向阿強建議進行紓緩治療嗎？

「如果你相信我的話，我們還有多靶點標靶藥可以一試，不過治療效果我實在無法確保。」

「反正到現在，我也沒什麼好輸了。醫生，我相信你，你說該怎樣做就怎樣做吧！」阿強的笑容雖然略帶苦澀，卻沒有一絲猶疑。自問學識不多的他全盤信任醫生。

阿強跟妻子離開診所後，到酒樓參與一周一次的家庭聚會。聚會完結，眾人準備各自歸家之際，幾兄弟中年紀最小的阿健卻搭上他肩頭悄聲問：「強哥，又跟嫂子吵架嗎？怎麼最近幾次見你兩個都愁眉苦臉的？」說罷遞上了一支煙。

「不抽了。」

「你不是最喜歡這個牌子的嗎？抽一支嫂子不會罵的。」

「我…有cancer。」

阿健怎麼也想不到會是這個原因，不禁一時語塞。「檢…檢查清楚了嗎？」

「嗯……」

「唉…怎麼會這樣……沒事的，有我們在！你有需要儘管開聲！」阿強只能報以苦笑點頭。

空歡喜？真歡喜？

醫生跟阿強説，如今的情況，唯有「搏一搏」試用多靶點標靶藥。幸運的是藥物起效，他體內的所有腫瘤竟然縮小至幾乎消失！其後不久，FDA更批准了第一種用於膀胱癌的免疫療法藥物，周醫生看阿強情況適用，於是嘗試轉用此藥，不過阿強接受4個療程的治療之後，病情似乎無甚進展。

「周醫生，不要緊，我明白的。能走到這裡，我已經賺了。」

「你先別灰心。免疫療法有可能出現反應延遲，一段時間後才見到效果，我們再觀察看看吧。」

「對，老公你一定沒事的！」阿強妻子緊緊捉住丈夫的手，希望能給他多一點勇氣。

「嗯。」阿強口頭上答應，內心卻開始思考死後的財產分配安排……

兄弟如手足

幾個月後，阿強的腫瘤竟然真的縮小，擴散至肝臟的病灶甚至完全消失。就在這時，原應喜出望外的阿強卻變得憂心忡忡。

「強哥，你不是說上次的新療法有療效？為什麼你全頓飯都皺著眉？很辛苦嗎？」

「不是…免疫療法的副作用不算很多…只是…唉…」

「強哥，你有什麼困難不用吞吞吐吐，我和阿棠他們幾兄弟一定幫！」

此時坐在阿健旁邊的阿棠與阿新都搭嘴「對啊強哥你別不把我們當兄弟！」

阿強始終低頭不語，妻子為免丈夫難以啟齒，終於開了口：「治療的費用很貴…保險賠償在第一年就用光了…我們經濟上確實有點困難……」

阿健聽後豪爽笑了：「還以為是什麼大問題！錢而已，你不用擔心，我們幾兄弟幫你解決！對嗎，阿棠阿新？」

「當然！從前強哥在我們困難時幫了這麼多，現在終於有機會報恩！」

「沒錯，全靠強哥接濟我們才捱過失業的日子。大家兄弟，有什麼一起分擔！」

「謝謝你們…真的謝謝……」阿強夫婦只能哽咽地吐出衷心的感謝。

關關難過關關過

在免疫治療的4個療程後阿強轉用電療，直到去年5月腫瘤指數再度上升。進行肝臟活組織切片化驗，並經由次世代基因定序檢測(NGS)尋找變異基因，竟意外發現新的癌症腫瘤標記 —BRCA2基因陽性，於是自去年7月開始服用PARP抑制劑。副作用讓他變得面如紙白，須每星期輸血一次，情況似乎不樂觀。

調整藥量過後，阿強的副作用得以減低，腫瘤亦對藥物起反應。然而標靶藥用上一段時間後，還是出現了抗藥性。他的病情在成功受控9個月後，藥物再次失效，情況轉差。周醫生只能提出：「現在這種情況，比較理想的做法是轉用溫和的化療藥合併免疫療法……」「好，我沒讀過什麼書，不過醫生你說好的就一定是好，我相信你。」走了這麼久，抗癌之路卻好像仍然未見盡頭。

三年下來的治療費用高達300萬，多次的檢查與各類治療價格不菲，阿強最慶幸的是周醫生的全力幫忙、手足的經濟支援與妻子全程陪伴，成就了他永恆的避風港，渡過一次次難關。雖然與癌症的戰爭未完待續，但在眾人的支持下，阿強知道自己並非孤單作戰，不管結局是勝是敗，他亦足矣。

醫生的便箋

藥物的開發需要很長時間，由基本的藥物病理、劑量及人體測試，到在市場上臨床應用的數據，再經過專家意見及確認數據，往往需要數年已至十年以上。但在癌症治療上，雖然有加速的機制，但病者往往未等及藥物上市已撒手塵寰。

例如阿強患有膀胱癌，化療和電療後，雖然數年前是有臨床證據顯示可以用免疫治療，但該種藥物並未可在本港買到，所以在沒有合適的治療下，嘗試一些新的「多靶點標靶藥物」也是一個可行的方案。

幸好，他在使用標靶藥物後，腫瘤縮小並持續控制了一段長時間，及後免疫治療的藥物終於在香港上市，他使用後得到了良好的成績。可是藥物太昂貴，只好決定在數個療程後停止治療。等待的時間病人也可以繼續使用「多靶點標靶藥物」，依然有效。

後來病人使用了次世代基因測試，發現BRCA2基因突變，可以使用PARP抑制劑，這樣也可以暫緩病人腫瘤的生長。病人輾轉使用了免疫療法、電療、化療等循環式的治療，已平安踏入了第四個年頭，以一個非常廣泛的擴散性癌症情況來説，已經是很好的成績，希望能夠有新的治療繼續支撐他活下去。

遇到難關也要走下去……EGFR基因突變肺腺癌

臨床腫瘤科專科周倩明醫生

「今天天氣真好，山上的空氣也特別清新。」阿彩一邊走一邊欣賞著沿途的花花草草，耳機更播著她最愛的首本名曲，使其心情更為愉悅。

阿彩是一名家庭主婦，殊不知年輕的她曾是中學田徑校隊的一員。雖然現時已經六十多歲，但對運動的熱情仍未被澆滅。就算日常有多忙，每天還是會抽1-2小時做運動。

「叮鈴鈴！叮鈴鈴！」突然，幾聲單車響鈴聲打破了周遭的美好。

阿彩放下耳機，卻驚見一輛單車正迎面衝來，距離愈來愈近，但卻絲毫沒有減速的跡象，慌張的她被嚇呆了。

隨著響鈴聲迫近，閃避不及的她，胸口受到一陣撞擊，隨後單車更狠狠地將其撞倒在地上。

單車手連忙剎車，跑到阿彩身邊，查看傷勢。只見阿彩拍拍身上的沙石，緩緩地站了起來説：「我沒事，不用擔心。」這一次的意外，阿彩並無大礙。

但誰知這只是惡夢的序幕。

意想不到的發現

過了不久，阿彩不時感到胸口悶，而且也開始出現輕微氣喘的情況。起初徵狀並不明顯，所以她也沒多留意。至一同居住的女兒亦感其情況不妥，才決意帶阿彩求診。在得知阿彩胸口曾受過撞擊後，醫生建議她進行胸肺X光片，以作進一步詳細檢查。

「醫生，你一臉凝重的樣子，難道我的X光報告出現了什麼問題？」

「陳小姐，從X光片上見到你右肺有一個陰影。暫時不能確定是什麼，有可能肺積水，也有可能是腫瘤。所以我建議你做電腦掃描，檢查一下。」

過了一段時間，檢查結果出爐。「由報告所見， 你右肺上的陰影是一個腫塊，有3.2厘米大。因為位置比較難抽取組織檢驗，我建議你進行手術切除，從而判斷那腫塊究竟是什麼。」

出乎意料的是，阿彩沒有一絲驚訝，只是平靜地說：「醫生，我需要考慮一下。」當然，這一切只是表面，其實阿彩內心慌張得很，也沒有立即通知女兒這個消息。

「我有做運動的習慣，又沒有吸煙，應該不會是肺癌的但也有可能有如果有又怎麼辦呢患上肺癌，我是不是就要放棄運動了」回家的路上，她一路胡思亂想，差一點就錯過了回家的巴士。

食晚飯期間，女兒察覺其異樣，便問道：「是不是X光報告有什麼問題？你告訴我，我們是一家人，無論你發生什麼事，我都會一直陪著你！」

聽到女兒這句話，阿彩打開了緊閉的心門，緩緩地說：「我可能患上了肺癌，醫生建議做切除手術，再進一步檢驗是否癌細胞。女，我該怎麼辦，我應不應該做？做了會否影響我日後做運動了」

女兒聽到這則消息，雖也感到非常驚訝，但亦冷靜地回答：「當然要做，做了手術才可以及早知道是否患上了肺癌，愈早開始治療，控制病情也容易不少。媽相信我，相信醫生吧！」

「好，有女兒陪著，媽媽什麼也不怕！」阿彩堅定地說。

家人相伴　一起走過苦與樂

手術成功完成，而阿彩的身體也恢復得差不多，便在女兒的陪同下再去覆診。

「陳太，切除手術成功完成了，而該腫塊也確診是肺腺癌。」

「醫生，那是否代表媽媽已經痊癒了？」阿彩亦期待著醫生的回答。

「嗯 手術後，從抽取的肺積水中，確定有非典型細胞，但檢查並不能確實指出是處於第三期或第四期，故會將陳太歸納在兩個階段之間。」

「那即代表媽媽已有癌細胞擴散了嗎？」阿彩的女兒神情凝重。

「現階段還未能確定。為了確診陳太的癌細胞是否有擴散，我建議做正電子掃描，以及抽取血液作液體活檢，檢查其細胞游離DNA的狀態，再進一步跟進情況。」

阿彩患病後，她的女兒便開始在網上找尋了不少相關治療資訊，聽到醫生建議，隨即便問道：「醫生，之前我上網查過，液體活檢有可能會出現假陽性或假陰性的結果，檢驗的準確度高嗎？」

「對的。不過這檢驗的半衰期很短，只有約兩小時，故出現假陽性的機會很低，即代表如果結果是呈陽性，有99%機會真的有癌細胞存在。而考慮到此檢測可監測癌細胞，加上相關的數據又可以幫助控制病情。所以我還是建議你媽媽接受這個測試。」醫生詳細地解釋。

「好的，明白。謝謝你醫生。」阿彩的女兒評估了相關風險後，便同意了醫生的建議。

良好控制　與癌症共存

日子一日一日過去，新一份的檢驗報告出來了。「經過檢查，PET-CT的結果是呈陰性的，但液體活檢的結果為0.32%，即代表體內仍有癌細胞。同時，淋巴檢驗亦發現有癌細胞，因此推斷有很大機會是淋巴擴散。」

「那醫生我可以怎麼辦？」阿彩問道。

「你不用太擔心。因為你的身體狀況還不錯，故我建議可以針對縱隔淋巴結進行局部放射治療。及後再抽血作液體檢測，以查看癌細胞的情況。」

接受電療後，阿彩的精神有明顯好轉。可惜的是，液體活檢報告雖然指出阿彩的細胞游離DNA指數由0.32%下降至0.08%，但也同時説明阿彩的體內仍然有癌細胞作怪。

「你的情況已有明顯好轉。但報告仍顯示你體內仍然存有癌細胞」醫生表示。

「那醫生，我媽媽是否只可以進行化學治療了？聽説，化療的副作用好多 我不想她那麼辛苦」阿彩的女兒滿臉憂心。

正當在旁的阿彩感到絕望之際，醫生卻及時帶來了一個好消息。「我還未説完，其實今次主要是想告訴你們，我們也同時發現陳太帶有EGFR基因突變，可使用針對性的標靶藥，相比化療來説，副作用也會少很多。只要把癌細胞控制好，是有辦法與它共存的。」

這個消息彷彿將阿彩從絕望的深淵中救了出來，阿彩的臉上亦露出了久違的笑容。兩母女感動地相擁在一起。

重拾運動樂趣

服食藥物後，阿彩並沒有出現明顯的副作用，而她也開始重拾每天做運動的習慣。

「哎，阿彩，好久不見了。聽說你之前患上了癌症，可現在真的是看不出來呀！」阿彩撞見了以前遠足時認識的朋友。

「對呀，自從有癌症之後就無做運動了。但我現正在服藥控制病情，身體好很多了。雖然之後還是有機會出現抗藥性，不過正如在跑道上跌倒，也要重新站起來，繼續跑下去。所以如果有抗藥性，那就再想辦法解決吧，我是不會放棄的！」阿彩堅定的眼神表明了她的決心。

「媽，我也會一直支持你！」阿彩的女兒說道。

眼看著阿彩兩母女手挽手肩並肩，慢慢步向前方的背影，相信即使將來再有什麼難題也不會擊敗他們了。

醫生的便箋

從很多網上的資料，病人可能知道肺癌的標靶治療非常成功。由於發現了EGFR受體的標靶治療，第四期肺癌病人可以使用標靶藥縮小腫瘤，達致紓緩的作用。

如果是一期、二期，或甚至三期的病人，需不需要在手術後服用標靶治療？這正是目前醫療界需要進行的研究項目。

一至二期的病人屬於早期，擴散的機會比較低。所以在手術後，一般只需緊密觀察，不需作輔助式的化療或電療。但有些病者介乎第三期與第四期之間，例如阿彩有肺積水，但是肺積水裏面未確實證明有癌細胞，這類病人如何證明他手術後身體內有否癌細胞？

阿彩的肺腺癌有EGFR基因突變。在手術後，血裏的遊離DNA有EGFR基因突變，代表身體內仍然有癌細胞，所以在此情形下，及早使用標靶治療便是上策。這比起常用的癌症指標(例如CEA)有更高精準度；有研究顯示，這種檢測比其他方法更早發現癌症的復發。

阿彩在標靶治療後，遊離DNA的EGFR基因突變數量，也可以用來釐定對藥物治療的效應。同時，亦可以及早發現有沒有其他二次的基因突變(例如T790M)，來指導要否轉用其他標靶藥物。

對於某些病人，此類新方法的確能增加診斷的準確性及改變治療策略。

末路之光

臨床腫瘤科專科周倩明醫生

BRCA2 基因突變肺癌

坐在前方的醫生動著嘴唇正在說些什麼，冷靜的面容似已說過無數次類似的對白。診所的冷氣有點強，阿平拉了拉衣領將自己包得更緊，思緒開始飄遠……

「你患上的是第四期肺淋巴上皮瘤樣癌(LELC)，癌細胞已擴散至兩邊肺部及多處淋巴。這類肺癌在肺癌中算罕見，幸運的是這類肺癌在病理上與未分化的鼻咽癌十分相似，使用化療與電療的效果特別好，而且生長速度較慢，預後較好，你千萬別灰心！」

醫生嘗試耐心解釋，但眼前這位目光由震驚變得呆滯的病人，似乎未聽得入耳。

不幸還是幸運？

阿平最近總覺得自己的身體狀況大不如前。從前怎樣努力都減不了重，如今什麼都無做卻開始消瘦、咳嗽逐漸加劇、無端氣促……他乖乖就診、被轉介、再檢查、等結果，最終換來一句「你患上的是第四期肺癌……」。

耳邊彷彿響起了嗡嗡聲，腦中只迴響著這一句，之後的內容似懂非懂。癌症是這麼常見的嗎？他實在很想有人告訴他，這只是一場惡夢。

「醫生……我有母親要照顧，連老婆都未娶！我要死了嗎？而且…我……」阿平回過神來，想到至今41年的人生可能就此作結，說著說著就再也找不到適合的言詞表達內心的不甘與無奈。

「我明白你現在很難接受……不過不要這麼早就灰心，你還有治療可以試的。你有什麼難言之隱不妨直說。」

「醫生，真不好意思，我實在沒什麼錢，之後想去公立醫院排期接受治療……」阿平尷尬地吐出緣由。

「不要緊，明白的。這樣吧，排期也要時間，為免情況在等待的期間加劇，不如我先幫你安排化學治療，到公院排期成功時你再在公院接受電療吧！如果你覺得合適也可以兩邊走，不少病人都這樣。」

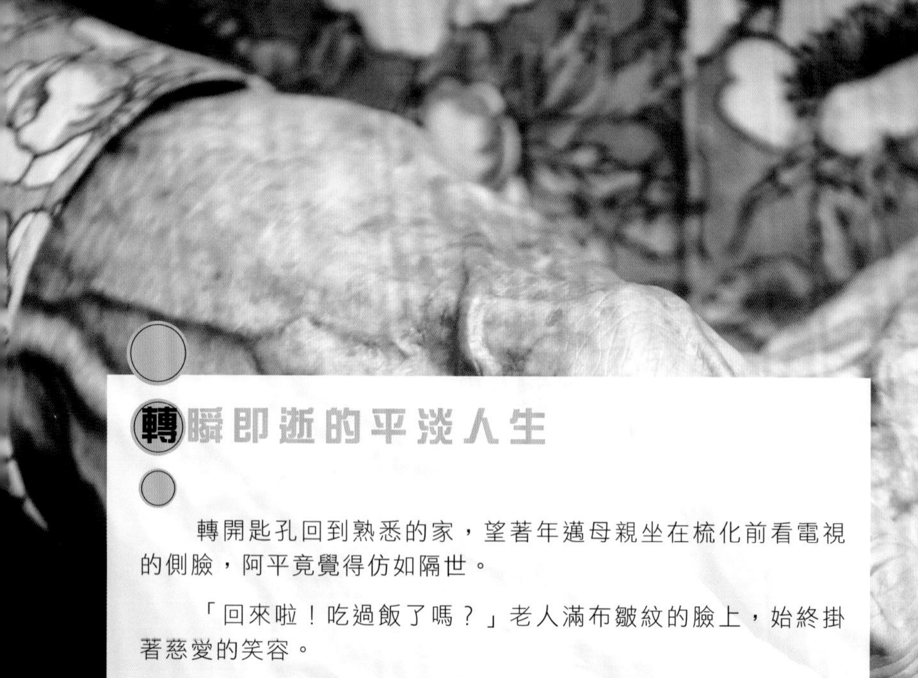

轉瞬即逝的平淡人生

轉開匙孔回到熟悉的家，望著年邁母親坐在梳化前看電視的側臉，阿平竟覺得仿如隔世。

「回來啦！吃過飯了嗎？」老人滿布皺紋的臉上，始終掛著慈愛的笑容。

「嗯……工作有點累，我先進房了。」阿平垂頭入房的背影最終消失在老人若有所思的目光中。

阿平已忍不住愁眉苦臉多日，心裡忐忑實在無法排解。老人忍不住開口：「媽雖然老，但腦子還清醒。告訴我，出了什麼事嗎？」他眼見瞞不住老媽，只好將真相說出。

「唉，你還是遺傳到你爸的病。他要不是這個病，可能現在還在我們身邊……」

阿平從沒想過，多年來一直對父親閉口不談的母親，原來都將感情藏於心中。他只能輕輕用手搭上母親肩膊：「我會努力，陪你久一點的。」

這已是一個大男人所能對母親作出最肉麻的告白。

老媽聽後又笑出了皺紋，眼眶閃著的水光，不知是感動難過的淚水，抑或只是老年人分泌過多的眼水。

屋漏兼逢連夜雨

公立醫院為阿平採用的治療屬於紓緩性電療，只對一邊肺進行電療，未覆蓋所有癌細胞擴散之處。阿平比較進取，到私家醫生處要求更大範圍的電療；醫生決定為阿平進行三維適形放射治療(3D Conformal Radiotherapy)，並為另一邊肺進行電療。怎料病情穩定了5年後，又再出現變數。

「平啊…為什麼你這麼命苦…前陣子又說你心臟前方有個1cm大陰影，現在又多處復發要電療…我…我一把年紀如果可以代替你就好了……」

「媽，別這麼說。我還撐得住的，你別擔心！」

此時，一個小孩努力爬上梳化站高，小心翼翼地摸了摸老人的頭，並吐出認真的話語：「嫲嫲不要哭，誰欺負你我罵他！」

阿平不禁苦笑，只能輕撫孩子的頭，無聲地回應他單純的溫柔。老人聽到這樣的童言童語後，更是悲從中來。

「唉…平，真的辛苦你了，我都沒能幫到你和阿康什麼……」

聽著母親提起哥哥的名字，阿平不禁想起這幾年的變化：侄子於4年前出生，大嫂卻於翌年交通意外半身不遂。哥哥阿康既要工作應付昂貴醫療費用，還要費心照顧妻子，實難兼顧可憐的孩子。經商量後，阿平索性辭去工作，一來靜心休養，二來專心看顧母親與當年只得1歲的侄子，一眨眼就走到今天。

「沒事的，5年前捱得過，現在也可以的。」這句話，他既對母親說，也對自己說。

光乍現路窮處

以電療控制病情2年多，阿平再次收到壞消息。

「癌細胞今次擴散到肝臟了。我們已經試過很多化療和電療，你左肺從治療第2年時已經塌陷剩下右肺，實在不能再長期使用電療了。這種情況我有兩個建議，第一是紓緩治療，我們只能保持觀察，第二是進行次世代定序(NGS)的檢測方式尋找有沒有合適的標靶藥可以用。」

「機會多微我也想試！」心裡放不下家中等待著他的母親與侄子，阿平實在不願放棄治療。

算是皇天不負有心人抑或天意弄人？次世代定序測試結果發現阿平確有BRCA2基因突變，有特定標靶藥物可用。可惜該幾類標靶藥物價格高昂，即使找出突變基因他也無力支付，治療似乎再度陷入膠著……

「好消息！最近有藥廠進行一項特許使用治療計劃，出現某幾類突變基因的患者可以申請免費使用未推出市場的全新標靶藥，當中包括BRCA2基因。雖然能申請的人數不多，不過如果你有需要，我可以試試幫你發送相關資料及寫信！」

「醫生你沒騙我嗎？真的嗎？嗯…嗯……明白。那麼麻煩你了。」阿平接到醫生這通帶來希望的來電後，人生中第一次覺得自己如中六合彩一樣幸運。

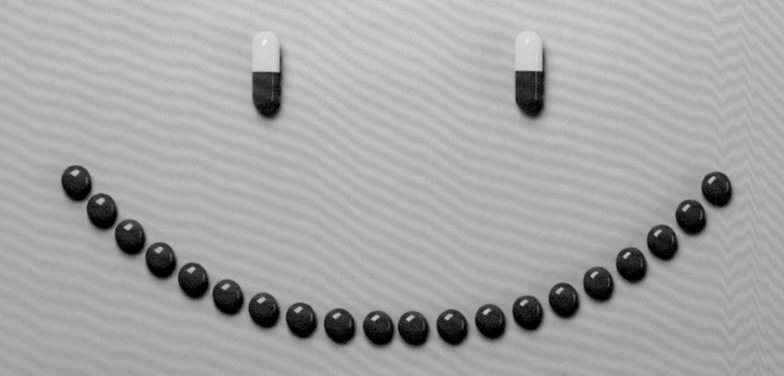

希望不滅　不再惘然

「真的獲批准了？！謝謝你！謝謝你！真的不知如何答謝你！」掛掉電話後，阿平忽覺嘴邊肌肉有點酸軟。

「平叔，你好久沒笑啦！今晚有大餐吃嗎？」踏入二年級的侄子雖仍掛著一張孩子臉，卻體貼得教人窩心又心痛。

阿平改不了摸他頭的習慣，忍不住說：「好！你想吃什麼，平叔帶你吃！」

「Yeah! 我要吃炸雞腿！」

「炸雞腿就夠了嗎？對了，不要告訴嫲嫲哦……」聽罷，孩子慧黠又調皮地合上嘴巴，並在其上用手做出拉拉鏈動作，惹得阿平又再發笑……高矮懸殊的兩道身影走在街上，在外人眼中猶如一對父子。

否極會否泰來？阿平進行最後一次電療後，EB病毒脱氧核糖核酸(EBV DNA)測試的結果顯示治療反應極好。結果在成功申請標靶藥計劃的大半年後，情況再次變差時才正式用藥。

「你太瘦了，如果使用與外國人相同的劑量可能會有頗大副作用，上次覆診我再幫你調校了一下藥量。現在用藥六星期了，感覺還好嗎？」

「沒有沒有，現在沒什麼副作用。醫生，真的謝謝你在這8年來幫了我這麼多。」

「別客氣，沒副作用就好了。我們繼續見步行步吧！」

醫生告訴阿平，肺癌在未有標靶治療的年代，第四期的存活期平均只有6個月。如今既有立體電療、化療與標靶治療，同樣期數的存活期最少有2、3年，但像阿平能撐到8年的人並不多。他不禁回想起這些年來的種種……

曾經以為這一生已經「玩完」，只能成為家人負擔。豈知造化弄人，家中的一老一小既要依靠他，同時又成為他的精神支柱。與他們在一起，阿平終於覺得自己不是廢人一個。哥哥雖是自顧不暇，難時時得見，但兩兄弟的關係卻因母親與侄子而變得更加密不可分。阿平至今沒有成家立室，他卻覺得現在的家已是最完美的家。未來如何，再也不重要。

醫生的便箋

肺「淋巴上皮瘤樣癌」LELC 是非常罕見的肺癌，在顯微鏡下所見的細胞樣貌和排列，和鼻咽癌甚為相似，所以腫瘤科醫生必定會檢查鼻咽，來排除鼻咽癌擴散至肺部的可能性。

它的生長速度比常見的肺腺癌要慢一點，同時由於有腫瘤指標EBV-DNA，以此來跟進病人的情況，較為容易。所以預後比常見的肺腺癌好。

化療和電療對LELC的效用比傳統肺腺癌要高，所以積極的跟進治療有可能根治微小擴散的肺癌。

阿平接受了多次的放射治療，控制局部腫瘤的生長。由於我們現在用的是3D的立體設計，所以放射治療在腫瘤的區域，可接受高劑；其他附近重要的器官，例如脊椎神經及肺部，可以得到良好的保護。

以往對於電療有很多誤解，認為他引起很多副作用；現在科技進步，電療技術已一日千里。其實放射治療，俗稱電療，也叫放療：是以高能量X光照射腫瘤，令在分裂時的細胞死亡。由於有高精準度，所以在某些情況下，被稱為放射刀，尤其是在位於深處的腫瘤，放射治療實乃強項。結合化學治療及其他標靶治療，腫瘤可以被局部控制，甚至乎根治。現時的立體設計，已將副作用減至極低，對病人的生活質素，沒有很大的不良影響。

基因突變測試發現阿平有BRCA2突變，幸好有藥廠的資助計劃，他可以免費得到藥物治療，又得到了六個月的控制。在第四期的肺癌情況下，他存活了八年，日常生活一點不受影響，正如他所說：希望繼續活下去，照顧媽媽和侄仔。

自信與渺小

臨床腫瘤科專科周倩明醫生

BRAF
基因突變甲狀腺癌

石地板回蕩著皮鞋與高跟鞋交替發出的「咯、咯、咯」聲響，一前一後的兩道身影快速穿梭大堂走到電梯口，二人沒浪費一分一秒邊走邊以流利的外語交換工作情報。

「力德公司的秘書通知我們，史密夫先生想將今日的會議由三時半改為一時。」

「安排到嗎？」

「可以，但這樣的話你午飯時間只有半小時而且……」

「半小時夠了。繼續。」秘書還未說完已遭西裝筆挺的男人打斷。

「……只能在車上吃，因為二時半要回到公司開周會。」秘書盡責地補充。

「就這樣。周會的資料準備好了嗎？」頭髮已見幾絲花白的西裝男回答仍然沒有一絲猶疑。在他眼中，沒有什麼比完成工作更重要。

錯過不可追

翻起過去於公司周年舞會或慈善拍賣會中的照片，志昌也難得地回憶起過去……

以往，工作就是他的生命。他定居外地，以華僑身份開展業務，雖未至於呼風喚雨，但十有八九的同行都聽過他的公司，知道他的名字，總算曾是舉足輕重的一個人物。若非42歲那年發現身體出現狀況讓他的腳步稍稍緩了下來，大概他就打算一生都以工作作為生命主調。

「你有一個通知。」看到智能手錶彈出的提示，他放下舊相冊，隨即更衣出發到診所去。

「醫生，請問報告結果如何？」志昌雖有好些頭髮變白，聲線卻比其實際年齡還要低沉沙啞。若單憑聲音判斷，幾乎以為說話的人是一位長者。

「我想你也知道自己情況，你的甲狀腺癌控制得並不好。腫瘤4cm大，癌細胞已經入侵你三分之一氣管，令氣管連同聲帶受壓，所以你現在要用力才發到聲，而且聲音如此沙啞。」

「嗯…」從志昌表情中，並沒有露出太大震驚與動搖。

「其實你之前早有機會處理的。十年前，你確診時才42歲，而且只是第一期甲狀腺癌，當時做手術如果有完全切除再配合化療與電療，之後也未必會復發。現在你的病情已經進入第四期了。另外，你現在還出現了骨轉移的跡象……」

「嗯。那麼現在有什麼可以做？」志昌並未因醫生責備而內疚，他深明自怨自艾沒有用，而他甘願接受事實並為自己的選擇負責。

「這樣吧，上次為你做的次世代基因定序(NGS)檢測結果出來了，找到你帶有BRAF陽性基因變異，理論上有特定的標靶藥可以用，但副作用比較多，不建議現在就用。另外有一種多靶點標靶藥都對你有效，不如先試試看？」

「好。就這樣辦吧醫生。」

「另外由於癌細胞已經轉移到你的骨骼了，所以我們現在要抑制蝕骨細胞的骨質再吸收，也就是『打骨針』。」

「沒問題。打吧。」志昌一錘定音，連對自己的健康也如同處理公司業務一樣果斷。

醫生欲言又止，本想鼓勵一下志昌讓他樂觀一點，可是眼前的男人一點都沒有普通病人的徬徨無助，也沒對治療多加憂慮。若不是身處診所，幾乎誤以為他仍是運籌帷幄的大老闆，而剛才只是他於分秒間做出一個影響大局的商業決定。

自信與渺小

駕車回家後，他踢掉皮鞋、脫下西裝、鬆開領帶，在空無一人的家中，終於能放肆地攤倒在梳化。

自從決定回港治療兼休養，他仍是每天都讓自己忙個不停：約見老朋友、間中處理公司重要決策、運動健身、遊遍全港......大半輩子都在忙碌中度過，他並不習慣靜下來無所事事，能這樣攤在梳化上發呆，好像回港後都未試過。

望著天花板，他長長地嘆了口氣。

後悔，確實後悔。

他悔恨自己早年太自信，輕視健康，可拖則拖，覺得只有工作才最重要。也悔恨自己情願聽從同輩朋友意見與網上資訊，也不願意正視問題加以處理，結果一次又一次的錯過治療時機。他早已習慣掌控一切，覺得只要有錢就能解決所有健康問題，殊不知在生命面前，自己竟是如此渺小。

如同商場上的決策，一個錯誤決定足以帶來毀滅性結果。不過，錯誤只要及早修正，就能減少損失，相反若因此而一蹶不振，才真的全盤皆輸。現在還未到最壞的結局，他還能再賭一局。

戰局未完

服藥已經三個半月，時間轉眼就過，志昌確實感受到微小的轉變，氣管好像每天都鬆一點。

「氣管鏡結果出來了。根據檢查結果顯示，現在氣管鬆開了八、九成，你應該覺得舒服多了。根據正電子掃描結果也顯示氣管中的腫瘤縮小了很多！」

志昌聽後彷如放下心頭大石，緊繃的表情稍稍放鬆了下來。

「不過別鬆懈，接下來先停一停標靶藥，然後進行為期6星期的電療。」

「明白。謝謝你。」雖說他不怕死，不過爭強好勝的性格大概始終改不了，愈強大的對手讓他愈不想認輸。

路前還有路

電療並不好受，不過對志昌而言，就此投降更不好受。

「電療後的反應很好！腫瘤扁掉，幾乎完全消失。下一步可以繼續服標靶藥來控制病情防止惡化。」

「嗯。」醫生終於第一次見到志昌的笑容，那是一個自信的笑。

「你很幸運，如果之後病情復發，我們還有其他標靶藥可以用，例如BRAF抑制劑和MEK抑制劑也有60至80%反應率。不過那是後著，現在暫時未需用到。」

「謝謝你，醫生。」

志昌不喜歡往回望，他比較習慣邊前進邊思索如何打困境。遲來的覺悟還好未算太遲。既然尚未迎來最終結局，即管拭目以待。

醫生的便箋

傳統的醫學知識告訴我們，高分化甲狀腺癌是一種治癒機會甚高的癌症，同時擴散的機會很低。

可是，對於已擴散或局部大範圍的甲狀腺癌，化療對此癌症的作用並不理想。所以我們會以放射碘來醫治此類癌症，希望細胞吸收放射碘後，以輻射殺死癌細胞。

但是，若腫瘤吸收放射碘不是很高，此時便會束手無策。但這類情況在約十年前有了重大的發展：多靶點標靶藥物能有效縮小高分化甲狀腺癌，成為醫治這類癌症的一大突破。

志昌的病況非常危險，因為腫瘤浸潤並擠壓氣管。幸好多靶點標靶藥物快速抑壓腫瘤，加上後來的放射治療，無須手術即可排除重要器官的危機。

癌症擴散至骨骼，令到骨質脆弱，甚至乎塌陷、擠壓神經線，導致痛症和其他很多併發症。電療加上制止蝕骨細胞的藥物，就像修復了牆壁上的一個空洞。骨中的蝕洞會慢慢鈣化，結構就會再次堅實，所以近十幾年間，有骨擴散的癌症病人的生活質素也大大提升。

雖然暫時抑壓了癌症的生長，但是我們要想想後着。次世代基因測試發現有BRAF突變也是一個非常重要的依據，將來若腫瘤對多靶點標靶藥物產生抗藥性，還有其他針對BRAF的標靶藥物可用。

定時跟進：以合適的造影技術及腫瘤指標來監測腫瘤的活躍情況，適時改變治療方法，此乃醫治擴散性癌症的良方。

財富‧家人‧健康

臨床腫瘤科專科周倩明醫生

大腸癌

「最後召集 航班編號A3576乘坐該班機的乘客請盡快來到16號閘口登機，多謝合作 」機場的廣播聲催促著正在等候洗手間的偉達。

眼見長長的人龍，但肚子卻痛得要命，滿頭大汗的他只好硬著頭皮地等待。「終於輪到我了！真的很急呀！」他猶如一支火箭般，衝入了廁所。

「咦，為何會有血？」他擦了擦眼睛，再次看著馬桶內。

「最後召集 」廣播聲再次催促，已經不容許他再深思下去了。偉達只好先趕上回程的飛機。

人生路上的危機

回到公司，處理好工作桌上一份又一份文件後，已經是晚上10點半了。他回想起早上發生的事，決定向一位外科醫生朋友查問一下。而那位外科醫生則建議他進行一個詳細的身體檢查。

「偉達，對於我接下來説的事，你要有一定的心理準備。」

「哎，老朋友，今年我都五十多歲，由中學開始我們便是好朋友了，認識這麼多年了，有什麼就直説吧！」此時的偉達還是一臉輕鬆。

「檢查發現，你大腸和肺部都各有一個腫瘤，我建議你盡快安排時間進行微創切除手術。」偉達頓時呆住了，但他心想著或許手術能根治癌症，因此便爽快地答應了手術的安排。

經過兩次手術後，醫生再次約見偉達，而偉達的老婆也放心不下，便一同陪他到診所。「檢驗報告顯示，兩處的腫瘤同屬腺癌，由此可知，你現在是患有大腸腺癌，屬第四期，並已出現肺擴散。雖然手術已將腸和肺的腫瘤切除，但也有很大的機會出現其他的擴散」

「第四期，我有老婆要養，還有我捱了這麼多年，才讓一手創立的公司步上軌道，為什麼是我？」偉達低下了頭，淚水止不住地湧出了眼眶，無助的身軀在房間裡顯得特別渺小。

突然偉達的手背上感到了一絲溫暖，他抬起頭。「老公，別怕！現今的醫療技術那麼先進，就算是晚期也會有辦法解決，我會一直陪著你！」偉達的老婆擦掉臉上的淚水，眼神散發出堅定不移的決心。

「偉達，你也不用太擔心，我先將你的個案轉介至腫瘤科醫生跟進，相信會幫到你的。」醫生道。

「好的老朋友，我相信你！」得到老婆和相識多年的老朋友鼓勵後，偉達又充滿了希望。

副作用纏身

會見腫瘤科醫生後，醫生建議其進行化學治療。「整個療程需注射8次，打完再做檢查跟進情況吧。」

癌症帶來的衝擊，不但沒有令偉達變得消沉，反而令他更「搏命工作」。「霹靂啪啦！霹靂啪啦！」偉達在電腦前埋頭苦幹，敲打鍵盤的聲音充斥著整個房間。不久，打字聲停止了，換來的卻是偉達的嘆氣聲，見他不停地按摩著雙手。原來隨著治療的推進，他開始出現手麻的情況，而情況亦漸趨嚴重。

直至第6次注射後，他驚覺自己連拿起筆簽名也做不到時，不管老婆如何反對，他仍提起決心，中斷了治療。

一眨眼便是一年後，偉達的外科醫生老朋友透過短訊詢問起他的狀況。在其得知偉達停止化療，並再沒有接受其他治療後，非常驚訝，因第四期是有很大機會復發，需緊密監控病情。故便勸説他需盡快進行抽血、正電子掃描等檢查。

不幸的事又降臨，經過正電子掃描發現偉達的肝臟有一粒4厘米大的腫瘤。為了手術能做得更好，醫生更轉介他至擅長肝臟手術的外科醫生那裡進行手術切除。

整整三次的手術猶如一巴掌打醒了偉達，他明白到對抗癌症並不可鬆懈，背負著老婆以至公司員工的期盼，他下定決心要積極面對癌症。

在完成手術後，偉達前後會面了兩位腫瘤科醫生，以跟進病情。頭一位醫生得知他有肝擴散，故建議其進行化療，以殺死一些微細的擴散。但他自知化療的副作用大，不想再次注射，便再請教第二位醫生。

「醫生，我之前打化療副作用很大，如不接受化療，還可以怎麼做？」

「按你的情況，我會幫你進行正電子掃描(PET-CT)，以及檢驗癌胚抗原CEA，以緊密觀察病情。第二，因你也有較高風險再次出現擴散，所以我也會用你之前的腫瘤組織進行次世代基因檢測(NGS)，以查看之前發現的腫瘤是否有腫瘤相關的基因突變，從而有望找到針對性的標靶藥治療，以取代化療。」醫生詳細地解說。

不久檢驗報告出來了，很可惜的是，次世代基因檢測(NGS)結果，雖然發現之前切除的癌細胞均屬同一類，即偉達是患上了原發性腸癌，並出現了肺部及肝臟的病灶擴散。雖找到基因突變，但現階段仍未有針對性的標靶藥可用。換句話説，如之後再出現復發，有很大機會只能選擇做化療或使用多靶點的標靶藥。「故就此情況，我建議你需定期抽血作NGS測試，檢測血液中的循環腫瘤DNA，以及配合抽血驗癌胚抗原CEA。」醫生見狀便提出建議。

「明白。但醫生甚麼是液體活檢呢？」偉達追問。

「可以的。這是一個監測癌症的新模式，可以用於監測腫瘤負荷，臨床可以用於預測復發。不過還是要提醒你，雖然這檢測出現假陽性的機會較低，但假陰性的機會則會較高，即代表原先體內有癌細胞，但有約30%機會結果會呈陰性。」醫生講解了相關風險。

「一次檢測需要多少錢？」偉達考慮了一下問道。

「相比驗癌胚抗原CEA來説，確實會比較昂貴。但CEA的數據會受到多種因素如身體發炎而影響，所以抽血用以NGS的檢測其準確度會相對較高。如兩者同時一起做，更可提高準確度。」

在考慮相關風險及經濟負擔下，偉達只選擇定期進行CEA檢查，以監控病情。

突然的升幅

隨後，偉達每隔幾個月就會抽血做CEA檢查，第一次的結果是1.5，之後檢查亦未有太大的升幅。十個月過去了，正當偉達認為已經沒有再出現擴散時，醫生卻傳達了一則壞消息。

「最近一次的CEA檢測結果為4.0，有很大的升幅。建議你盡快進行正電子掃描，再作一步的檢查。」

檢查過後，偉達的太太亦因得知情況變差，便隨著偉達一起來到診所聽報告。「正電子掃描檢查發現，你肺部有個1點多厘米的腫瘤。以你現在的狀況，因為之前的手術已令肺部出現疤痕，加上復發位置亦接近血管，再次進行微創手術的風險會大大提高，因此並不建議」

「醫生，那我老公可以怎樣做？化療對他的副作用太大了」偉達太太著緊地問。

「在這情況下，我建議他進行立體定位放射治療，原理是透過高劑量的放射線來治療腫瘤。為了減少副作用，途中也需要你老公在機器的幫助下閉氣15-20秒，使放射線可更對準腫瘤，以減少對周遭組織的傷害。」

「醫生，你放心。我老公一直有游泳的習慣，對於他來說，控制呼吸簡直是易如反掌。」看著偉達太太自信滿滿的模樣，在旁的偉達也不禁有點不好意思。

進行10次電療後，偉達的CEA指數下降至1點多，而及後做了兩次正電子掃描，也沒有發現癌細胞。但意想不到的是，幾個月後CEA指數又再次由1點多上升至2.8。

「在此情況下，你可以再抽血驗一下液體活檢，如果血液內沒有癌細胞，即反映癌細胞數量還是偏低。同時，也不用經常做PET-CT，減少幅射對身體的影響。」醫生又再次作出了相應對策。

最後醫生同時為偉達進行了三個檢測，包括PET-CT、CEA，及次世代基因檢測（NGS）。「PET-CT呈陰性；CEA的指數稍微下降至2.4；血液中的循環腫瘤DNA數值為0，即陰性。雖然每一個檢查都不是百分百準確。進行PET-CT有30%假陰性機會，而液體活檢也有30%機會呈假陰性，但現在兩者同時一起做，準確度已提升至91%。故由此推斷，你現時的情況已較為穩定。」

聽完醫生的分析後，偉達繃緊的神經也頓時放鬆了下來，不過他亦明白對抗癌症是一場漫長的戰爭，今後仍需積極與醫生一同合作，每隔4個月抽血作NGS測試，同時配合抽血驗CEA，以及進行正電子掃描，以緊密監測病情。

遲來的覺悟

「老闆，我先走了。需要叫外賣給你嗎？」秘書問道。

「嗯。我也走了。」偉達望了一下手錶，隨即便放下了手上的文件，收拾著公事包。

「老闆，最近你下班都很盡時。你變了」秘書感到有點奇怪。

「哈，知道自己患上癌症後，我才明白到什麼對我才是最重要的。」偉達摸了摸頭說。

電話響起了。「喂，老婆。我正趕著回來了」

醫生的便箋

繼肺癌後，大腸癌是最常見的癌症。雖然大腸內窺鏡是篩選早期腸癌的最有效方法，但仍未普及，部分大腸癌病人發現時已有擴散。

偉達在發現大腸癌時，腫瘤已擴散至肺部，由於偉達的性格進取，他做了大腸手術後，又切除肺部擴散。他接受了醫生的建議，做了化療，希望殺滅隱藏的癌細胞;可是化療的藥物令他手部麻痺，影響日常生活及工作。

後來發現肝臟擴散，切除肝臟轉移手術後，他也不願意再接受化療。

如果不做化療，我們必須加密監察，及早發現復發，才可以早著先機，在腫瘤初期復發時，積極治理才會得到良好的效果。

早前，細胞活檢次世代基因測試已知道他的腫瘤有幾種基因突變，雖然沒有相應的標靶藥物，但這個資訊也可以用來監測病情。液體活檢是新近的一個可行方法:血液中的遊離DNA定量基因突變的數量，可以確定腫瘤復發。但我們必須了解假陰性情況，例如復發腫瘤體積很小，血液內遊離DNA數量也會少，未必可以監測得到，所以暫時來説，我們必須有更多的數據來支持它在日常監測癌症中的使用。暫時，可以同步使用CEA，正電子素描和血液遊離DNA來監測復發。

如能回到當時…

臨床腫瘤科專科周倩明醫生

FGFR1
基因變異乳癌

七點，電話鬧鐘鈴聲響起，阿芳努力睜開朦朧睡眼把鬧鐘關掉。她爬起床梳洗過後，開始了家庭主婦每日的例行工作。

「老公、阿怡快起床，早餐做好了！」

「媽…讓我多睡5分鐘……」

「你上班不是要遲到了嗎？快起來！」

「老婆有見過我的襪子嗎？」

「襪和飯盒都幫你準備好放了在門口椅子上，看見嗎？」

「嗯，我出門了！今晚不用煮我飯。」

早上就在一團混亂中度過。丈夫與女兒出門後，阿芳終於有空上個廁所，洗手時不經意瞥見鏡中的自己好像多了不少白髮，不禁想得出神。

黃臉婆的憂愁

曾經青春的面容漸顯老態，光滑的肌膚也開始鬆弛，阿芳望著鏡中蓬頭垢面的「黃臉婆」，覺得熟悉又陌生。

畢業之後，她曾投身自己喜愛的工作，直到孩子出生需要貼身照顧，加上希望全力支持丈夫工作，她才放棄自己的事業，當起了全職家庭主婦。洗衣、做飯、收拾、打掃……主婦的工作繁瑣又細碎，絕對不比出外打工的丈夫輕鬆。不過，旁人似乎不這樣想。阿芳對鏡苦笑一下，洗個臉，又繼續一天的工作直到晚上。

「咦，這是什麼……」好不容易為丈夫女兒打點好一切，輪到阿芳洗澡，她卻發現右邊乳房上一處的皮膚發紅腫脹，還有少許痛楚。「應該過幾天就沒什麼事吧，好像不是很嚴重……」此時，門外傳來女兒的聲音：「媽，可以快一點嗎？我肚痛想上廁所！」「OKOK！快洗好了，你等一等！」阿芳於是快快沖洗好讓出浴室，也沒把乳房的異常放在心上。

胸口的陰霾

時間又在忙碌中過去，阿芳最近卻極感困擾。右邊乳房皮膚她一直以為是小問題，但情況不斷沒有隨時間好轉，損傷位置還潰爛流膿了一段時間，買藥來擦也沒有改善。趁著丈夫長期出差，女兒又去了旅行，繁重家務總算可以暫時放下，她終於決定找醫生了解一下情況，以求個安心。

最初只以為是普通的皮膚問題，然而家庭醫生卻將阿芳轉介給腫瘤科醫生，她內心開始升起不祥預感……

「你的情況已經持續了一年，其實很不尋常。你應該早點求醫的。」

「我…以為只是小問題，加上一直很忙，就沒有理會了……」阿芳心虛地答道。「周醫生，我的情況很嚴重嗎？」

「你右邊乳房有一個發紅突起的腫塊，部分表皮破損潰爛，初步懷疑是乳癌的徵狀，不過之後還要進行乳房X光造影檢查來確認，你先別擔心，等結果出來再說。」

「嗯……」

為何偏偏選中我

阿怡覺得，媽媽最近非常古怪。媽媽平常家務已是做個不停，這陣子更是辛勤落力得過火，好像一分鐘也停不下來。

「媽，你上午時不是已經拖過一次地了嗎？怎麼現在又拖？」

「啊…是嗎？我看地板還是有點髒……」

「媽，你怎麼了？有什麼煩惱嗎？」

阿芳一時無語。

等待檢查結果的日子非常難熬，她總是把家務做完又做，藉以排解內心的焦慮與煩躁。「不會真是乳癌吧？我平日作息定時又健康...不會的不會的。如果是真的…該怎麼辦？」她內心的矛盾愈趨激烈，反常的行為終被女兒看穿，她也只好如實透露。「媽…你怎麼自己一個面對不告訴我們？我陪你去取報告吧……」阿怡聽後，淚水早已眼眶打轉。

報告出來了。阿芳只覺手心冒汗，心跳加速……世事往往不如人意。她證實患上第四期乳癌，且右邊乳房的腫瘤體積約10cm，大到不能即時以手術切除，須首先進行手術前期化療。聽到消息後，阿芳與阿怡整張臉變得暗淡無光，蒙上一層揮之不去的陰霾。

完成3個療程的術前化療後，阿芳右邊乳房腫瘤大為縮小，醫生於是將她轉介予外科醫生為其進行手術切除。及後，她因經濟問題轉投公立醫院，接受電療與荷爾蒙治療後，再也沒有回去覆診。

多年夢魘重臨

一別九年。2017年，阿芳又回到醫生的診所，塵封的檔案再度揭開。不同的是，她如今坐在輪椅上由女兒推來，丈夫則為了阿芳的醫藥費而加倍努力地為口奔馳，沒有一同前來。

這些年來，阿芳的乳癌不但已多次復發，更轉移到骨骼、肺部、肝臟等地方。她之前一直於公院接受治療，直到2015年癌症復發。既注射過補骨針來預防骨轉移併發症、試過第二、三線的化療、荷爾蒙治療，也試過以標靶藥mTOR抑制劑配合口服化療藥，但治療效果並不理想，且帶來眾多副作用。

「醫生，求你救救我媽……公立醫院那邊説標靶藥加化療藥也沒用的話，就沒有辦法了，要停藥了……但我不想放棄，求求你幫幫我們！」阿芳只是握緊女兒的手，一語不發。「嗯，不要太擔心，我會盡力。」之後阿芳開始持續遊走於公立與私立醫院兩邊接受治療。

阿芳的乳癌類別屬Her2陰性乳癌，可使用化療與荷爾蒙治療。周醫生嘗試為她處方紫衫醇及蒽環類兩種化療藥物，最初效果不錯，但一停藥又再復發。

「醫生，復發真的很辛苦……我是沒救了吧？不如算了……」眼見阿芳打算放棄，醫生大膽提出建議：「雖然多靶點標靶藥原本不是針對乳癌而設，不過好幾位情況跟你類似的病人使用後都有一定效果，事前也不用做特定測試，你想以低劑量試一試嗎？」眼見除了此法已無計可施，加上得到女兒的支持，阿芳終抱著姑且一試的心態接受新治療。

就在藥物起效，病情受控一年多的期間，阿芳嘗試聽從醫生建議，盡量保持心情開朗，多與家人享受一起的時光。

「媽…你以前什麼都先為我們著想，連自己身體也狀況不顧……那麼你呢？你想要什麼？」

「對…只要我不用上班的日子都陪著你。老婆你想去什麼地方就去，想吃什麼就吃什麼！」阿芳竟覺得，撇除患病這回事，自從孩子出生後就再沒試過如此輕鬆。

「好呀，那麼今晚你們做飯，我要吃九大簋！」

「這個太難了吧…阿怡，你來做！」

「我連飯都不會煮……放過我啦！爸你出錢買吧！」

「哈哈……」

好景不常。標靶藥物終會失效，只是遲或早的分別，而這一天還是來了。醫生感到握在手上的報告異常沉重。這次，阿芳獨自前來卻不作一聲，似乎已猜出報告結果。她難得主動開口：「這段日子我試著什麼都不想……我以為只要能為丈夫和女兒多做幾頓飯就滿足了，但原來我還是很貪心……我女兒明年結婚了。醫生，你能為我多拖延一點時間，讓我陪她出嫁嗎？」

望向阿芳哀求的眼神，醫生只能如實分析：「我明白你的想法，但你的情況實在不太樂觀，未必能拖到2018，我只能答應你盡力而為。」「無論結果如何我都會接受的。謝謝你，醫生！」

檢測技術助制定有效治療

在多靶點標靶藥失效後，為制定更有效治療策略，周醫生建議為阿芳抽取活體組織進行次世代基因檢測(NGS)，看看能不能因應基因特點選擇合用藥物。

由於阿芳的腫瘤已侵蝕入骨，難以取得活體組織，因此只能抽取血液進行檢驗。結果顯示，阿芳的腫瘤帶有FGFR1基因，佐證了早前處方的多靶點藥物之所以有用，全因FGFR1基因乃此藥其中一個針對之靶點。這一點也提醒了周醫生，讓她在阿芳試用過CDK4/6抑制劑無效之後再次使用多靶點藥物。但最終病情太嚴重，阿芳終究還是走了。

「爸…我真的很想媽……」

「我也很想她。不過醫生已經盡力了，你媽媽也無怨了。乖，不要哭花了妝，她在天上看著你待會行禮呢。」

「嗯……」

阿怡收拾心情，在化妝師幫忙下重新整理好妝容與婚紗裙擺，挽著父親的手步入宴會廳，向著丈夫的方向走去。她相信，即使媽媽不在，也一定在遠處祝福著她……

到未病時……

時間回溯到2007年。

一天，阿芳在洗澡期間赫然發現右邊乳房上的皮膚有一小處呈橘皮狀，且有少許潰爛跡象。「這樣…該不會有什麼問題吧？」

「媽，可以快一點嗎？我肚痛想上廁所！」

「來了來了！」

步出浴室，女兒卻緩了緩步。「媽，你今天洗澡洗得特別久，怎麼了嗎？」

阿芳欲言又止，不過女兒知道的應該比她多，加上大家同是女性也沒什麼好尷尬的，她於是照直說道：「我右邊胸口皮膚好像有點奇怪……」

「乳房變化可大可小的，一會我上完廁所幫你看看！」

經女兒檢查過後，力勸阿芳求醫，阿芳也從善如流。經周醫生初步診斷，加上乳房X光造影檢查結果顯示，阿芳確診患乳癌一期。

「不是吧？報告真的說我有乳癌？！」

「乳癌有很多治療方案，幸好你在第一期就求診，腫瘤直徑只有2cm，要處理也不難……」

阿怡經常想像，假若時光倒流，媽媽如能多為自己著想不諱疾忌醫，而她多關心媽媽的話，故事會有另一結局嗎？

醫生的便箋

「諱疾忌醫」導致癌症由早期變成晚期是非常可惜的。第一，早期的癌症治癒機會非常之高，手術較為簡單，也可以保存乳房；第二，較高期數的癌症需要術後化療或電療，治療會變得複雜及麻煩得多。阿芳如果能早些求醫治療，醫好的機會是很高的。

局部大範圍的乳癌雖然可以以化學治療及標靶治療縮小癌症，跟著做手術把病灶切除，但畢竟擴散的機會也很大，必須緊密觀察，及早發現復發。

雖然大範圍的擴散性癌症醫好的機會很渺茫，但是現在醫治乳癌有很多不同的方法，雖然未必根治得到，但他可以有效地延長病人生命，並且減少很多併發症，例如骨折、局部血管氣管擠壓感情況。所以，就算有擴散性的癌症，治療亦要積極面對。

乳癌病人中約有15%有FGFR擴增(amplification)，雖然臨床使用FGFR抑制劑的經驗尚淺，初步資料發現FGFR抑制劑可與其他抑制劑，例如血管內皮生長因子(VEGF)抑制劑、NTRK抑制劑來阻止癌症的生長。

阿芳已是末期病人，時間不容許我們等待更多的臨床報告，這種情況下，我們必須與病人商討用其他可能有效的方法，雖然含有試驗的性質，若是病人已停止所有癌症醫療，等死還是嘗試新藥物?雖然有倫理上的爭拗，但我們應該給病人這種選擇權。

阿芳的求生意志很強，所以在家庭會議後，她決定使用多靶點標靶治療藥物。幸運地，這種藥物有神奇的效果，她又可以重新從輪椅站起來，快樂舒暢地度過了一段美好時光。後來香港引進了次世代基因測試，測試結果顯示他有FGFR1擴增，印證了使用這種多靶點標靶有功效的因由。

同行路上有你

臨床腫瘤科專科羅振基醫生

第四期EGFR 基因突變食道癌

「叮咚！」吳然拿起了手機，螢幕彈出了一則未讀訊息。

「好久沒見了。我最近回香港了，今次會留一段時間，約出來吃頓飯？」

原來是吳然的死黨子軒傳來的訊息。

吳然從小便認識子軒。中學、大學，以至長大後各自在社會上打滾，他們都一起經歷。可惜的是，幾年前子軒被確診患上肺癌，在家人陪同下出國治療後，他們便少了聯繫，只是有時從社交平台上得知對方的近況。故得知這位舊朋友回港，吳然便立即答應了見面。

一碰面後，吳然便問起了子軒的近況，知道他接受治療後情況穩定，吳然也為他鬆了一口氣。及後他們到了以往讀書愛去的茶餐廳吃飯。食物來了，但是子軒卻看見吳然望著桌上的食物發呆，便問：「你怎麼不吃？」

「近來吃東西時吞嚥有點辛苦，所以沒什麼胃口」吳然苦惱地說。

「是嗎？看你整個人也好像瘦了，去看醫生檢查一下吧」子軒關心地說。

「根據2016年數據，食道癌於本港最常見的癌症中排第18位患者以男性居多肥胖人士較為高危他們常見會出現吞嚥困難」這時電視播放著一則新聞。

難以接受的事實

幾天後，昊然情況依舊，憶起當天的新聞報導，便去了子軒介紹的醫生那裡求診，並做了一連串的檢查。

不久報告結果出來了。「呂生你好，先坐下吧。根據之前幫你做的鋇餐X光造影檢查及食道內窺鏡檢查等等 我們可以觀察到你食道處有一個腫塊，同時亦確診為食道癌第四期。按現階段的一線治療，我會聯合使用兩種化療藥物為你進行治療，原理是透過血液循環將藥物帶到癌細胞，並將其殺死。但要留意的是，因化療會殺死一些迅速增生的細胞，故過程中正常細胞也有可能被殺死，而造成副作用如疲累、脫髮等。」

雖然昊然是抱著患上食道癌的懷疑來求診，但聽到這個消息真的從醫生口中説出。他還是不敢相信並用力地捏了一下自己的手臂，可隨後而來的劇痛告訴他，這並不是夢。他嚇得腦海一片空白，聽完醫生的講解後，只點了一下頭，便拿著報告離開了診所，回到家裏。就這樣，時間一分一秒地過去了，窗外明亮的天空也降下了黑幕。

同路人的支持

突然電話聲響起了。昊然緩過神來，沒精打采地接起了電話。原來是子軒打來，他問起檢查結果。

「喂子軒，報告說我沒事，你不用擔心」因不想子軒擔心，昊然決定隱瞞。

「一聽你的聲音便知有不妥。你說真話吧，我們一起由小玩到大，我們現時都50多歲了，那麼多年朋友，有什麼事讓我也幫你分擔一下，好嗎？」當然認識他多年的子軒怎會輕易被他瞞騙。

聽見這番話的昊然，知道不能再隱瞞，按捺不住的情緒便一下子釋放了出來。而待情緒穩定後，便一五一十將事情告訴子軒。

「子軒，報告說我患上了食道癌，我該怎麼辦」昊然無力地說。

子軒聽到昊然的一番話，不禁想起剛得知患上癌症的自己，便安慰昊然說：「昊然我明白，想當初我聽到自己患上癌症的那一刻，我也很想去逃避，不想讓家人知道，想自己一人面對。但昊然，你看看我，現在不是還活得好好地嗎？現在醫學進步，總有方法可以繼續走下去的，相信我，勇敢面對，我們是有機會戰勝它的，一起努力吧！」

子軒的安慰，好像給昊然打了一支「強心針」。他決心勇敢面對癌症，接受治療並定期覆診以緊密跟進情況。

情況變差 出現惡化

經過6個週期的化療後，吳然再次覆診。

「醫生，我的情況有好轉嗎？」吳然問道。

只見醫生望著報告，眉頭緊鎖，令吳然心情也跟著緊張起來。

「有一個壞消息是，根據上次的檢查發現，你的病情惡化了，出現了肝轉移。」醫生面色沉重地說。

再次傳來的壞消息，令吳然感到無比失落，正當他感到絕望之際「你先不用太擔心。接下來，我先會為你轉用另外兩種的化療藥物，看是否有效。其二，因癌細胞已擴散及轉移，我建議你進行肝活檢來獲取腫瘤組織，之後再進行廣泛型的癌症次世代基因定序檢測(NGS)，從而希望找到一些與癌症有關的基因，有望再制訂新的治療方案。」醫生的建議彷彿為吳然帶來一絲希望，故他二話不說便答應了相關的治療及檢測。

迎來治療轉折點

過了一段日子，昊然又再次到診所聽報告。令人高興的是，今次報告的內容為他帶來了治療新希望。

「呂生，雖然之前開給你的化療藥對你並沒有太大的幫助。但有個好消息是，在你的組織樣本中，我們發現了許多可行的基因突變，所以你可嘗試使用標靶治療。而在眾多的基因突變，又發現當中EGFR基因有異常擴增，以致癌細胞中的細胞增生信號水平升高。因此在此階段，我會處方一種針對EGFR的標靶藥物來阻斷表皮生長因子訊息傳遞，藉此阻斷腫瘤生長，以控制你的病情。」

得知這個消息後，昊然的心情終於平穩了一些。他第一時間將這個消息告訴了子軒，而話語間子軒又提到自己也是使用標靶藥治療才令病情受控，故也大大增加了昊然對治療的信心。

效果不如預期

經過了5個週期的標靶藥治療。一心以為有好轉的昊然心情愉悅地到達診所。

「呂生，第一個消息要告訴你的是，你體內現時大部分腫瘤都縮小60%左右」

「醫生，即是我的病情終於受控了嗎？」昊然露出了久違的笑容。

但醫生卻搖了搖頭說：「可惜的是，但你頸上的腫瘤卻反而變大了。」。

聽到此消息，昊然感到百感交集。兩次的化療失敗、服用標靶藥後又不如預期 傷心、憤怒及不安的情緒一次過湧於心頭，他深感不解地問：「醫生，為什麼會這樣？之前不是說標靶藥對我有效嗎？」

「呂生，你先冷靜一下，聽一聽我解釋 在臨床表現上，患者體內的腫瘤對於一種標靶藥有不同的反應的情況並不罕見，這是有可能發生的。因為不同的腫瘤可能帶有不同的基因突變令癌細胞異常地增大，這現象在醫學上稱為腫瘤克隆異質性/變異性(tumor heterogeneity)。這也正是為何癌症那麼難醫治的原因之一。」

「醫生，如不罕見，即是也可以接受其他的治療，對嗎？」昊然又問。

「對的。幸好的是，之前的次世代基因定序(NGS)檢測報告中，亦發現你的DNA在修復過程中有基因組的缺陷，故或可受益於一種叫PARP抑製劑的標靶藥物，將你頸部的腫瘤縮小。」醫生又再次送上了好消息。

此刻的昊然得知仍有藥可治，情緒也稍為穩定了些，心想都做了這麼多治療，沒理由中途放棄，所以便再次聽取了醫生的意見。

見曙光

單獨服用PARP抑制劑三周後，只用肉眼也可觀察到，昊然頸部的腫瘤明顯縮小了不少，即也代表他的病情也終於暫時受控。

抗癌路的起起落落，令昊然回想起，當初如非有子軒這個同路人的幫助及支持，他也有可能一早就放棄治療了。有見及此，他決定加入一些癌症患者團體，不時與一些癌症患者分享自己的抗癌過程，希望藉著自己的故事能給了同路人多一點鼓勵與支持。

目前他仍在繼續接受標靶藥治療，以長期控制病情，同時也有定期覆診來緊密監控病情的進展。

醫生的便箋

食道癌在歐洲、美國等地不是常見癌症，幾十年前在香港也是常見的癌症。但發病的年齡標準化率由2008年的每10萬人有3.9人，下降至2017年的2.5人，原因未明，可能是和飲食習慣的改變有關。

近代的科技研發或醫學進步大多數發生在歐美國家，雖然亞洲地區近十年來突飛猛進，但醫學的領域仍須有很多人數的研究。 發病率低的癌症，因為病人太少，統計學上很難做出可靠的數據，所以對比肺癌、乳癌、腸癌等發病率高的癌症，食道癌的研究相對進步得較慢。

因為有比較多的案例，食道癌在香港的醫療團隊是很有經驗的。在沒有擴散的食道癌治療，我們常常採用化療、電療同步治療，再評估要否做手術。昊然的食道癌復發後，傳統藥物醫治無效，次世代基因檢測發現有EGFR基因的異常擴增，及某些DNA修復基因組的缺憾，可能對PARP抑制劑有反應。

昊然初時使用了EGFR基因單株抗體藥物，身體不同部位對這種標靶治療反應不一，他簡單地以為所有腫瘤都是同樣的細胞組成，其實癌症病理上有其複雜性，待我細細道來。

腫瘤裏的癌細胞數量甚多，數以百萬計，大部分癌症並不是單一種類的細胞，在顯微鏡下有不同的樣貌、排列，甚至乎表面受體，分泌的蛋白質，DNA突變等等；這就是所謂的腫瘤的變異性(tumor heterogeneity)。由於這類變異性，腫瘤在的不同位置和時間，有時變化成不同性質的細胞群。

不同擴散位置可以有不同的性質，治療也有可能對於癌細胞帶來影響，改變了他們的分子結構或基因變異，所以在治療某段時間後，身體上的腫瘤並不能被視為與診斷時一樣的細胞群，腫瘤變性需要重新詳細的病理分析，加上分子分析等。

所以病人如果有多處地方的擴散，病人接受某種治療整體性的治療，例如化療、標靶治療畫免疫療法，有些位置反應良好，但有可能其他位置的腫瘤會繼續增大 (mixed response)，此時病人可能會疑惑為何有這種情況？其實最大的可能性就是腫瘤變異性，本身就存在對藥物的不同反應；其他可能的原因：例如藥物滲透到該位置的分量、該處的血液供應情況，又或者該器官有沒有阻止藥物滲透的機制，例如化療便很難滲透腦部。

次世代基因檢測有可能發現多個細胞基因變異，例如單一基因內變異、增擴、融合等不同情況。某一類藥物如果有抗藥性的話，我們可以使用他藥物。當然選取藥物的時候，我們要以藥物可能發生效用的機率、病人體質、藥物副作用等來考慮，所以優次的抉擇完全是個人化決定。

終見彩虹天

臨床腫瘤科專科周倩明醫生

第四期ALK基因變異肺癌

「阿成，這裏還有幾箱貨！」一名士多老闆指了指門口那堆得像山一樣高的貨物示意說。

「咳咳！好的老闆。後車廂滿了，我等一下再來。」阿成招手回應。

開車前，他看了看時間，原來已經晚上八點了，看來今天又要工作到很晚，便從褲袋裏掏出一部陳舊的按鍵手機，打通了電話。

「喂……咳咳……老婆我還未送完貨，你和女兒先吃飯吧，不用等我了……」阿成交代著。

「成，你最近都工作得很晚。你好像咳嗽了頗長一段時間了，不如明天放假去看一下醫生吧？」其老婆憂心地說。

「咳咳……不用，可能是最近天氣轉冷，普通感冒而已，不用擔心。我趕著送貨了，你和女兒早點睡，不用等我回來了。」持續了一段長時間的咳嗽，且情況愈趨嚴重，這真如阿成所說是普通感冒嗎？

「咳咳……」工作完回家的阿成疲憊不堪，但持續不斷的咳嗽卻令他徹夜難眠。

「阿成，不要，不要離開我們！」在旁睡覺的老婆因惡夢驚醒，滿頭大汗。

「老婆，你沒事吧？」阿成遞上了一張紙巾。

「阿成，我見你躺上病床上，周圍有很多儀器……不久後你的情況變差，就離開了，留下了我和女兒相依為命……阿成，不如你還是去看醫生吧？沒事也可求個安心……」說著說著，她又流下了眼淚。

女兒見狀也走了進來，擔心地說：「爸，媽說得對。你還是去看一下醫生吧。」

阿成生平最不能忍受女人哭了，故於心不忍之下便答應了求診。

醫生了解阿成的徵狀後，轉介其進行了胸部X光檢查，顯示阿成的肺部有一個腫瘤。及後阿成亦進行一些檢查，包括穿刺活檢等等，確定癌症的分期及類別，從而有助制定接下來的治療方案。

化療或不是最佳方法

再次聽報告，阿成的老婆及女兒都一起陪同他前去。

「醫生，報告怎麼説？」阿成老婆緊張地問。

「我們拿了施生的腫瘤組織做了相關檢查，確定其肺癌屬第四期……按他現時的情況，已不適用於進行手術切除。同時我們亦發現他沒有EGFR的基因突變……」醫生解釋。

「不能進行手術，即爸爸的肺癌是至末期了嗎？是否沒方法可以救他了？」女兒嚇得眼泛淚光。

「不是，還有其他非手術方法。由於施生屬第四期，化療可能不是最佳的一線治療選擇……」醫生看了一下報告，深思了一會説。

「為什麼？難道醫生你有更好的治療方案？」阿成眼裏好似看到了一絲希望。

「根據研究所指，大部分第四期肺癌患者均會在接受化療後2至3年內死亡，同時亦只有2-3%患者具有5年生存率。正因如此，我建議你接受進行分子測試及次世代基因定序檢測(NGS)，有望找到更好的藥物選擇，延長生存期。」

一聽到或會發現新治療方案，在老婆及女兒的支持下，阿成也同意了進行相關檢測。

我不想成為負擔！

檢測結果出來前一天，阿成在街上偶遇了相熟的貨車司機阿勇。

「喂阿成，好久沒見了，聽見你最近少了出車運貨……難道是中了六合彩？」

阿勇說。

「唉……我患上了肺癌……現在已經是第四期了……」阿成嘆了口氣回應道。

「是嗎？對不起。那你有什麼打算？之前有位同行的媽媽也患上了癌症，那醫藥費真是很貴，聽說用那些標靶藥或免疫治療藥每月都可能要花超過5萬元。要我來說，昂貴的治療費用還比癌症來的可怕呢！」

與阿勇道別後，阿成獨自沉默靜思了一會兒。回到家中，從抽屜中取出了銀行的戶口儲蓄本，坐在床邊低頭計算著。不久，他心裏下了一個重要的決定，打算於吃晚飯期間告知家人。

「老婆，女兒，我有些事情想說……即使明天結果如何，我都打算放棄治療了。」阿成心情沉重地說。

「成，是因為錢的問題嗎？之前家裏只有你一個人的收入當然不夠，但我也打算之後再找幾份工作幫補一下，再不是我也可以問一些親朋戚友借錢……你不要放棄好嗎？」她抓緊了阿成的手。

「爸，我也可以不學鋼琴。我們會永遠支持你的，不要放棄。」阿成的女兒也接著說。

可惜的是，即使其老婆及女兒如何極力反對，不想成為家中包袱的阿成，還是鐵下了心決定放棄治療。

意外的驚喜

這幾天都持續下著綿綿大雨，就如阿成的心情一樣灰暗，面如死灰的阿成獨自走進了診所。

「咦，你的老婆還有女兒呢？他們之前不是都有陪你一齊來？」診所職員好奇地問。

「沒，今次我就不讓他們來了，以免礙事。」阿成回答，提問的職員也就沒有再多問。

不久，阿成進入了診症室，正當他想告訴醫生放棄治療一事，醫生卻搶先為他送上了一個好消息。

「施生，之前進行的NGS檢測及分子測試均顯示，你的腫瘤細胞有較為罕見的ALK基因突變，這表明你服用標靶藥物(一種針對此ALK基因突變的標靶藥物)，或可有效控制病情。」

聽到這消息的阿成，面上並沒有露出半點笑意，醫生覺得奇怪便問：「施生，有什麼難言之隱嗎？你可以說出來，看我能否幫到你？」

「……其實醫生是這樣的，我……」阿成吞吞吐吐。

「是經濟上的問題嗎？」醫生再問。

「……對的，因為我是做貨車司機，家中的收入全靠我一份薪水……所以我今天來是想跟醫生說放棄治療的，也隨便道謝醫生一直以來的幫助。」阿成終於把這個苦衷說出口。

醫生點了一下頭，便說：「我明白的。不過不用放棄治療的，我可以幫你申請聖雅各福群會惠澤社區藥房的藥物補貼計劃，內裏也包含剛才我提過的標靶藥。那這樣你就不用擔心了吧！」

「多謝你醫生……真的謝謝你。」阿成眼中充滿了感動的淚水，反覆地向醫生道謝。

他高興地步出診所，抬頭一看，雨停了，半空中殘留的小水珠在陽光的折射下，映出了一條彩虹，正當他沉醉如此美景時……竟發現原來他的家人也放心不下，所以偷偷地尾隨他到了診所，而當阿成說出這個好消息時，他們仨也感動地抱在了一起。

不久他的個案也得到批准，而他對以上的標靶藥也有良好的臨床反應，病情受到控制。

醫生的便箋

ALK 基因變異發生於大約3-5%肺癌，標靶藥物已應用在第四期肺癌病人，現在市場上有幾種藥物可供選擇。

選擇藥物一般來說，首先考慮效用；其次，我們會考慮藥物的副作用，跟著就是價錢和有沒有特別的選擇要求，例如腦部擴散的話，某些藥物會有較良好的反應。另外，某一類基因變異密碼子(codon)可能會對某些藥物有抗藥性。所以，次世代基因檢查會幫助醫生選擇藥物。

基於現時香港大部分抗癌藥物都是進口，價錢以該藥廠的全球定位為依據，所以就算有病人發現有此種基因突變，可以使用標靶藥，但價錢實在太貴，沒有能力負擔。根據實際情況考慮，有些藥廠會提供免費藥物給病人醫治，部分病人可能需要參與研究，提供數據。另外，政府、保險及某些醫療團體都有可能獻出一分力。

例如此次阿成的個案，聖雅各福群會和藥廠合作，令病人能夠有補貼，減低藥物的負擔。

當然，我們期待藥物的價格會下降；或者加入更多的競爭，使更多藥物種類及來源地能輸入本港。又或者鼓勵更多亞洲及本土的研究，開發更多藥物，價錢自然會下降。

天國來的信

EGFR基因突變肺腺癌

臨床腫瘤科專科周倩明醫生

「有一天……」

衣櫃裡，李太無意發現一封信，親切的語氣，熟悉的説話方式，還有那隨心的筆迹……她一眼就認出，是丈夫阿明所寫的。

「我知道了……」李太心裡默念。簡單的兩句話，所表達的弦外之音，只有作為妻子的她，能心領神會。

三星期以來，李太就是有點零星咳嗽，說嚴重嗎？又不太嚴重。但畢竟都三星期了，徵狀都似斷未斷，還是看看醫生會比較放心。

大女兒阿盈，特地請假陪媽媽看病。

「照張X光吧！都咳那麼久了。」檢查過後，醫生建議。

李太被醫生的提議弄得心情緊張。

「不會很嚴重吧，醫生。」李太焦急地問。

女兒在旁，靜默不語，心裡明白，似有默契。

X光影像顯示，李太左邊肺有黑影，經組織活檢，證實為肺腺癌，正電子掃描顯示並沒擴散，屬二至三期之間，EGFR基因突變呈陽性。

「因為病人已經80歲，而且肺功能也不理想，並不適合進行手術。」醫生解釋。「但因為腫瘤帶有EGFR基因突變，可嘗試用標靶藥物治療。」

一秒前仍很緊張的李太，反應卻出乎意料地平靜。

「也好啊！我可以早點下去見他。」微微一笑，她目光投向窗邊，像在緬懷甚麼。

多麼巧合的肺腺癌

五年前，丈夫也是同一原因跟她告別。自丈夫患病後，她便矢志不渝地盡心照顧，跟這個病，可算是交過手了，多少有點了解，分別只在，這次跟它的距離又再近一點。

「針對EGFR基因突變，目前可使用針對EGFR的標靶藥，種類很多，如EGFR TKI(酪胺酸抑制劑)，已有三代標靶藥。第一代無惡化存活期為8至10個月，但某些病人會出現肝酵素升高。第一代erlotinib已有非原廠藥，價錢已大幅減低。第二代TKI較大機會出現腹瀉、嚴重皮膚潰瘍。第三代TKI無惡化存活期20多個月，副作用很少，但價錢較貴，一個月要50000多元。」

「或許是上天安排，想我早點跟你爸爸見面吧！」李太一臉順從天意的模樣，半點不焦急。

選副作用最少的藥

「藥廠推出了一個新的計劃。」

「病人如服完第19盒，往後可繼續免費服下去。50000多元一個月，即總共付13個月錢，大約70萬。」

「如果長遠你還是想到公立醫院治療，我可以先給你一、兩盒藥，往後你可選擇繼續在公立醫院取藥。總之，不要拖了，愈早治療愈快好。」醫生語重心長地勸導他們。

「那就選副作用最少的藥吧！媽媽……」子女着急地決定。

李太微微點頭。心思早已飄遠的她，只惦記着一個人，對自己的病情，半點未上心。

轉世後還認得我嗎？

最近，李太一直夢到丈夫，每次畫面都是：丈夫站在不遠處，看着她，欲言又止。

「你為何一直出現又不説話？你有甚麼想告訴我嗎？」在夢中，李太總會不停追問，但又得不到回應。無語的丈夫，但笑不語，不一會便轉身離去。

昨晚在夢中，丈夫臨離開前，終於開口：「……再見，……。」

聲音斷斷續續，模模糊糊，李太只隱約聽到兩個字。

「甚麼？你走了？真的走了嗎？以後不再回來了………？」她繼續追問，丈夫沒再説話，豁然一笑，便又輕輕轉身遠去。

自此以後，李太便再沒夢過他。

「他是去了轉世嗎？不知轉世後會變成甚麼？還會認得我嗎？還會再找我嗎？」一晚，李太跟二女兒透露自己的夢境，説到痛處，還是難掩哀傷。

「媽，都五年了，爸應該都去了該去的地方，不用我們記掛了。」女兒故作輕鬆，努力沖淡空氣中的憂傷。李太雙眉仍然深鎖，對這個陪伴自己走了大半生的人，始終無法輕易放下。

你要好好活着

按照醫生指示，標靶藥差不多已服了一個月，藥物成效不錯，期間亦沒出現任何副作用。

這天，剛從醫院回家，李太將外套放回衣櫃，就在打開門一刻，意外地發現了一封信。

那親切的語氣，熟悉的説話方式，還有那隨心的筆迹……

「有一天我們定會再見，但你現在要先好好活着。」

定神看着那信，一息裡，空氣中似迴盪着丈夫的聲聲叮囑。她知道，愛她的人，還是不會忍心不顧，還是會回答她的追問。

「我知道了……」她心中默念。

站在房門遠處偷望的二女兒，看着媽媽舒展了的雙眉，也跟她一樣，心頭泛起絲絲安慰。

醫生的便箋

酪氨酸激酶抑製劑（tyrosine kinase inhibitors, TKI）在很多癌症或生物醫學上起了很重在的作用。直至2019年，美國食品藥品監察管理局（FDA）已註冊的TKI藥物多達50多種。

表皮因子受體（EGFR）抑制劑以引進市場十多年，由第一代的兩種TKI，到現在的第二代第三代藥物，如何選擇適用的藥物？

第一代的藥物現在已有非原廠藥（generic drugs），原本生產的藥廠已過了專利期，其他藥廠就可以用生產非原廠藥，以更低價錢供應病人。這樣，對病人是一個很大的喜訊。一般來説，第一代的 TKI 副作用很少：常見的副作用有皮膚起紅疹、肚瀉，較嚴重但罕見的的有間質性肺炎。少數病人會有肝臟影響，可能需要停服或轉服其他藥物。

第二代的藥物效用也好，但價錢比較高。

第三代藥物因為針對抗藥性的發生，所以病人的無病存活期就比第一、二代藥物要長了，同時副作用也較少，但是價錢非常昂貴，普通病人根本無法負擔，遑論食一年或以上。

所以有些特別的資助計劃因而產生。其中一種方式是要將費用封頂，例如李太用藥成功，可以一直使用到某一段時間，以後就可以免費。這樣病人心裏有數，不用擔心長遠的天文數字開支。雖然這並非完美的解決方法，但也可緩解解病人財政上的苦況。

天生一副中獎命

BRAF V600E基因突變胃腸道基質瘤

臨床腫瘤科專科郭子熹醫生

「第346期六合彩攪珠結果，2、10、25、28、30、35 ，頭獎無人中，二獎3注中，每注派…… 」

「哈哈……」

夜間新聞在報六合彩結果，阿文聽完只覺好笑。平常總會買六合彩的他，這次彩金高達1億，卻偏偏沒買。

「買甚麼吖，我都沒有中獎命！」他對着空氣自歎。

表面輕鬆其實迷惘

喜歡旅遊，到處品嘗美食的阿文，腸胃功能一向正常。一次體檢，卻無意中發現胃部有陰影，經進一步檢查，證實胃部有軟組織肉瘤。

「組織化驗顯示，是英文簡稱GIST的胃腸道基質瘤，是一種罕見的惡性腫瘤。」醫生解釋。

「哈！如果我中的是六合彩，那我就發達了！」一向我行我素的阿文，一副輕鬆模樣，其實心裡有點迷惘。

「約95%的GIST都有酪氨酸激酶受體KIT致癌基因突變，有的話，就可使用標靶藥物TKI，即酪氨酸激酶抑制劑治療。」醫生盡所能化繁為簡，希望病人能掌握自己的病況。

「好吧！到時有結果便通知我吧！」阿文站起來，轉身離開診室。

我只有3個月命吧

「胃腸道基質瘤是一種比較罕見的腫瘤，大約每10萬人便有1至2人患上……」

「GIST可於胃腸道任何位置發病，常見症狀為腹痛、消化道出血、胃腸道阻塞等，但有約20%患者全無徵狀……」

回家搜尋網上資料，看完了，阿文更覺好笑，跟老友阿龍笑說：「呵！10萬分之1，我中！20%，我又中！誰夠我好運？」

「總之有得醫，便醫吧！」阿龍好言安慰。「不理了，我們找天去飲茶吧！」

幾天後，阿文再回到診所。

「報告顯示，腫瘤沒有KIT基因突變，所以標靶藥對你未必有用。」醫生解讀手上報告。

「哈……都說我幸運，甚麼不好的也有份！」阿文勉強一笑，不欲多言，然後拋下一句：「想告訴我還有3個月命的話，就直接說吧，醫生。」

「先不要放棄吧！還有其他可能。」醫生不忘鼓勵。「還有一種叫次世代基因定序的檢測(NGS)，可同時檢驗幾百個與癌症相關的基因，不妨試試看腫瘤會否帶有其他基因突變，有沒有其他標靶藥物適用。」

不存厚望，離開診所後，阿文立即跟阿龍到茶樓飲茶。

「乾杯吧！我們來飲這最後一餐茶！」阿文開懷大笑，笑容卻帶點勉強。

「不是吧！真的沒得醫了嗎？不是説還可以測甚麼基因……」阿龍大吃一驚。

「再試最後一次了，醫生説……」阿文難掩無奈。

「嗯！」阿龍點頭。「喂……今天開心飲茶，不講其他。」

舉起茶杯，他們乾了一次，茶杯停留在半空良久，伴隨着內心的歎息。餘下的2小時，誰也不曾再提病情。

真的有點中獎命

「阿文，有好消息。」一大清早，醫生的話就如一支強心針。

「報告結果顯示，腫瘤帶有BRAF V600E基因突變，而針對這種突變，目前有針對BRAF V600E的標靶藥物適用。臨床上的使用報告也顯示，當GIST患者帶有BRAF V600E的基因突變，對BRAF V600E標靶藥的反應良好。」阿文留心醫生所說的每個字，表情專注。

「真的嗎？有驗清楚？我啊……醫生，哪有何能？」阿文只感難以置信。

「確定了！張先生。BRAF V600E的確較為罕見，GIST病人中，只有非常微量有這種突變。」

不該開心，但阿文心裡還是有點開心，也終於第一次覺得自己幸運。

不一會，手提電話響起，傳來阿龍的聲音。

「剛經過投注站，幫你買了張彩票。3000萬呀！你都很久沒買了，說不定這次我們真的會中！」

「有機會呀！說實在的，我是真的有點中獎命的！」阿文的語調帶點欣喜，跟平常有點不一樣。

一心打來安慰的阿龍摸不着頭腦，但也感受到好友的愉快心情，便連忙追問：

「甚麼事？甚麼事？你中獎了嗎？」

醫生的便箋

胃腸道間質瘤(gastrointestinal stromal tumor)簡稱GIST，少於一厘米的細小GIST非常普遍。一般來説也不會對病人造成大影響，極少增大或擴散。

但體積較大的GIST，就算做完手術，也有很高的復發機會，而且生長速度很快。在未有標靶藥前，化療也不是能夠達至很好的效果，所以醫治就非常棘手。

後來基因研究發現95%病人有KIT突變，可以使用標靶藥物。大部分病人服用了標靶藥物後，情況都有大大好轉，而且副作用很少，所以這種藥物在初應用時，實在是做了奇蹟一樣的成績。

阿文竟然是沒有KIT突變的5%GIST病人，這樣的情況實為罕見。這個時候如果放棄繼續檢查，就等於放棄治療，幸好醫生用次世代基因檢查。在芸芸基因中，發現他有BRAFV600基因突變，新的針對性標靶藥在幾這幾年間已研製成功，現在已在市場使用，正是柳暗花明又一村，希望用藥物成功。

人生願望清單(Bucket list)

臨床腫瘤科專科梁廣泉醫生

膽管癌

「叮鈴鈴，叮鈴鈴！」學生們期待以久的小息時間終於來臨。

「阿研，這裏是紙和筆，我們一起寫吧！」坐在前面的阿珍轉過頭來説。

「寫什麼？悔過書？我們班最近又沒有生事？」阿研心感疑惑地問。

「梁小研，不記得我上次跟你説的事嗎？最近網上很流行這個「人生願望清單」，你就陪我寫一下吧？」阿珍哀求著説。

「好吧，但我也不知道要寫什麼內容…」阿研低下頭，呆呆地望著那張從筆記簿中隨手撕下來的淡黃色橫間紙，苦惱了一下，便開始落筆。

突然，右上腹的一陣劇痛，令其眼前的一片景象變得模糊。而隨著疼痛感加劇，阿研也從睡夢中醒了過來，回到現實的她，抹了抹頭上的冷汗，原來是發夢。

持續的症狀

「老婆，怎麼了，右上腹又痛了嗎？」在旁的阿智憂心地問。

「對…還有我最近上廁所時，小便的顏色也有點奇怪，呈茶色…」最初阿研還以為只是胃病發作，但吃了藥又未見好轉。現在連小便也有異常，感到不安的她，決定找醫生檢查一下。

不久報告出爐，在丈夫的陪同下，阿研懷著忐忑不安的心情到達診所。

「醫生，我太太的情況，怎樣？」阿智憂忡忡地望著醫生手上的報告。

「根據之前做的影像檢查結果，可以發現梁小姐的肝內膽管有擴張(0.6厘米)，同時也發現其肝內有影、腹腔內淋巴結腫大，另外也有出現腹水(深度：5.6cm)…就此來說，初步懷疑或是患上了膽管癌，並已開始有轉移的情況。」

「吓！是癌症？」阿研驚訝地說，在旁的阿智一聽到此消息更被嚇得說不出話來。

「是有這個懷疑。不過還是要採取組織活檢，進行一系列檢查，如: 次世代基因定序檢測（NGS），才能確診並進行相關治療。」醫生見狀即說。而阿研及阿智兩人也欣然地接受了相關安排。

情況變差

看完醫生後翌日，阿研如常上班。不過隨著日子一天一天地過去，她卻感到自己的胃口愈來愈差，但同時又出現腹脹的情況。及後更不時出現呼吸急促，大大影響其日常生活及工作。在迫於無奈之下，她只好請假在家休息。而日復日的徵狀也彷彿在告訴她，即將要面對那個不幸的消息…

不知不覺又到了拿報告的那一天。阿研又再次前往診所，不過這次她的步伐卻顯得格外沉重。

「醫生，最近我出現了腹脹及呼吸急促的情況，是不是…」雖然阿研心裏早有答案，但仍想向醫生確定一次。

「沒錯，梁小姐，據上次提取組織活檢的檢測結果…確診你患上了膽管癌。而依照你説的情況，加上醫學的相關評估，估計你還有3-6個月壽命…」醫生低聲地説出了這個消息。

聽到這個消息的阿研，雖然早有心理準備，不過還是按捺不住流下了淚…

「…不過你也可以先不用太擔心，因為藉由次世代基因檢測(NGS)也同時發現你的腫瘤帶有NTRK融合基因突變，雖然此基因突變較為少見，但也有針對此基因突變的標靶藥物。在藥費方面，此藥的藥廠也有提供相關的藥物資助計劃，我可以幫你申請…」醫生提出了一絲新希望。

聽到仍有希望，意想不到的阿研不知如何反應，用手抹一抹面上的淚水，二話不説便答應了這個建議。

治療奏效

不久，阿研開始進行標靶治療，而隨著治療的推進，其徵狀也紓緩了不少，同時亦沒有出現明顯的副作用。

同時，幾個月後的跟進檢查結果也顯示，其病情開始有所改善，不但腹水及胸腔積液消失了，同時腹腔內的淋巴結也沒有腫大的情況，反映其腫瘤對藥物有反應。

兒時的願望

聽到有好轉的消息，阿研固然非常開心。但回到家中後，她卻獨自坐在梳化上，好像在思考什麼，突然又好像想通了什麼，站了起來，頭也不回地便直走進了睡房，在床底下不知埋頭翻找著什麼…

「你在找什麼？」阿智問。

「我之前發夢，想起了小時候曾經寫過Bucket list，因為太久了已經不記得寫了什麼，所以想找出來看看…」阿研將床底下的東西全都拿了出來，逐件細心檢視。

「找到了，是這個月餅盒！」阿研高興地大叫了出來，拍一拍盒子上的灰塵。

如她所料，當年寫的「願望清單」果然就在月餅盒內，她走到了客廳，仔細地查看著上面列舉的事情，輕輕嘆了一口氣。

「怎麼了，上面寫了什麼…插畫家？！」阿智好奇地望了望紙上的內容。

「對呀，現在才憶起小時候的自己是多麼喜歡畫畫，更想成為一位插畫家…可惜的是，後來卻因為要生活糊口，選擇了會計師這條路…」

「現在也不遲呀！家中的收入就交給我吧…你去完成夢想吧！」阿智堅定的眼神，令阿研非常感動，便決心辭掉會計師的工作，追逐兒時的夢想。

雖然她不知道自己會否成功，但是人生苦短，有夢何不去追呢…

醫生的便箋

正如我在前面章節有提及，罕見的腫瘤能做到醫學研究的突破是非常艱難的。

膽管癌是致命率非常高的腫瘤，一來由於它處於腹部隱藏的位置很難從普通體檢中發現。發現的時候，大多是晚期。同時它位於戰略的位置：有胰臟、肝臟、膽囊、膽管、血管，能引起擠壓性的黃疸病、內出血、神經線浸潤的痛楚等，病人由發病到死亡通常只有幾個月。

如果病人情況允許，通常會使用化療，但一般化療只可以造成短暫的紓緩，不久病人的腫瘤會繼續增大。

次世代基因檢測尋找幾百個基因中的突變，能發現有些稀有的突變，例如NTRK基因融合。這基因融合在常見腫瘤中不常見，但在部份腫瘤或罕有腫瘤，例如甲狀腺癌、膽管癌、膠質母細胞瘤中發現的機率較高。在不同類型的腫瘤，專屬的NTRK標靶治療能引起非常好的效果，高達80%病人的腫瘤縮小，同時這些療效可持續很長時間，甚至乎在腦擴散的情況下仍然有效。為此，很多國家和地區已批准不論何種腫瘤，如有這類突變，都可以使用這種專屬標靶藥物。

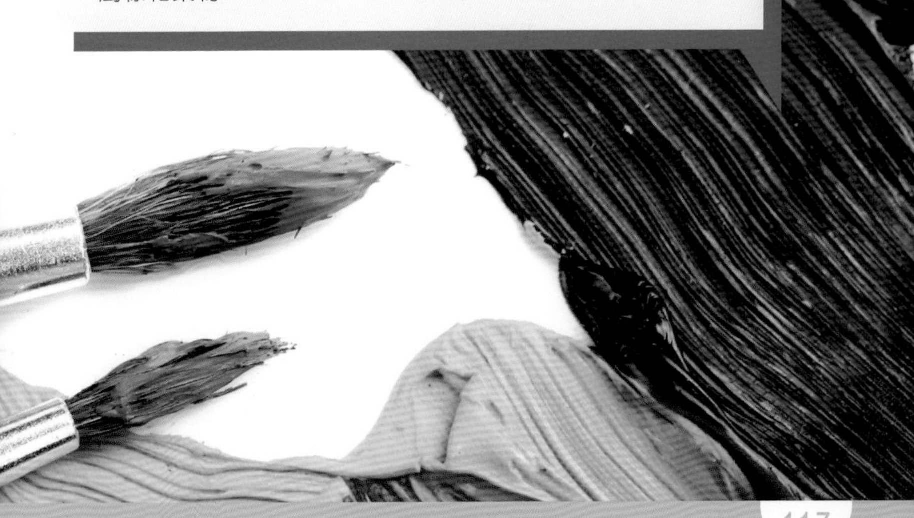

原來她已長大了…

臨床腫瘤科專科梁廣泉醫生

EGFR基因突變與NTRK融合基因突變共存的非小細胞肺癌

明亮又莊嚴的禮堂，掛著一幅幅祝賀字句，台下的中學生並排而坐，正準備迎來他們的畢業典禮。

「各位同學，文憑試終於過去了，今年我們學校誕生了兩位狀元，第一位是6A班的何智美，拿到了7科5**的優異成績…」

台下響起了熱烈的掌聲，而智美的媽媽何太更高興得站了起來歡呼，而智美也激動地抱著身旁的好友流下了淚。

畢業典禮過後，智美緩緩地步出了禮堂，只見何太跑了過來，大力地擁抱著智美説：「女兒，你真令我驕傲，辛苦了！」

此刻的智美與何太又怎會想到，在不久的前方正有一個很大的難題要她們面對呢？

缺席的開學日

智美期待已久的大學開學日終於來臨了，但維持了一段長時間的咳嗽，以及最近出現的頭痛問題，卻令她非常困擾。

「咳…咳！」智美一邊咳嗽一邊整理著書本。

「女，之前不是説，去看醫生了嗎？怎麼好像嚴重了？不如再去看一次吧…」何太擔心地問。

「咳…我沒事…今天第一天上學很重要…不能請假…」智美無力地回答。

可是，正當她想踏出門口之際，可惡的頭痛又再次找上門，如雷轟頂般的痛感令其跌坐在地上。何太看見這幕差點被嚇壞了，立即打電話叫了救護車。

到達醫院後，醫生評估了智美的情況，為其進行了一系列的影像檢查。

不久，報告出來了。智美在媽媽的陪同下再次到了醫院覆診。從報告可見，智美的肺及腦部都有影，醫生建議透過採取組織活檢，才能進一步確診及進行治療。

怎會是她？

再一次的報告結果揭盅。在護士的帶領下，智英與何太再次步入了診症室。

「醫生，我女兒的情況如何？」何太握緊雙手，緊張地問。

「…根據組織活檢結果，確診何小姐是患上了非小細胞肺癌，同時已出現了腦轉移的跡象…」

何太心底一沉，智美也嚇得腦袋一片空白。

「怎麼會是我女兒，她這麼年輕，怎會是她，醫生你真的檢查清楚…」何太不敢相信，不斷地追問，絲毫沒有停下來的意思。

眼看情緒激動的何太，身旁的智美卻顯得相對冷靜，她伸手握著何太的手，調整好自己的情緒後問：「醫生，那現在有什麼治療方法嗎？」

「從抽取的腫瘤組織中，可發現存在表皮細胞生長因子接受器(EGFR)，所以現階段建議，可嘗試服用針對此基因突變的標靶藥物。」

「明白醫生。媽，你看，這不是有相應的處理方法嗎？」智美看著何太說。

「好的，醫生。一切都聽你的安排，一定要幫幫我女兒呀！」聽到這個消息的何太，亦立即破涕為笑。

三次治療都不行

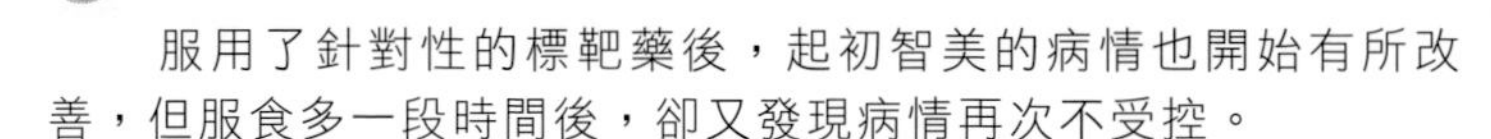

服用了針對性的標靶藥後，起初智美的病情也開始有所改善，但服食多一段時間後，卻又發現病情再次不受控。

針對以上的情況，醫生決定為她轉用化學治療，以藥物殺死癌細胞，但同時也因有可能會一併殺死某些生長速度較快的細胞，故或可致不少副作用，例如脫髮、嘔吐等。雖然得知有副作用，但何太及智美都抱著「有得醫便醫」的心態，答應了接受化療。可惜的是，此療法對智美的病情也是沒有幫助，更為其帶來了副作用，大大影響其日常生活。

因此，醫生又為智美轉用了一種較新的治療方法---免疫療法。主要原理是激活智美自身的免疫系統T細胞，使它可正常辨認癌細胞，並將其消滅。可是，這又再一次令智美及何太失望，因使用此法後智美的病情也沒有好轉的跡象。

但幸好的是，醫生並沒有放棄，在參考各種案例後，建議智美使用進行次世代基因定序檢測（NGS），以望找出其體內的腫瘤是否仍存在其他可用藥的基因突變。

兩母女的對話

歷時三年、足足三次的失敗，令智美及何太都大受打擊。再次走上覆診的路上，智美及何太兩人早已有一定的心理準備。

「女，想起由一開始發現你患癌至此時此刻，你真的長大了，不再像以前那個『掉了一杯雪糕，便會哭整天』的小女孩，而是一個勇敢滿分的「抗癌少女」，媽媽真的很為你感到驕傲！」何太説著説著，眼淚不自覺地從眼眶裏流了下來。

「媽，要你操心了，謝謝妳一直的陪伴。」智美也按捺不住流下了淚。

重燃的希望

「何太、智美，我想跟你們説一個好消息。」醫生的臉上也難得地展露出笑容。

「醫生，是什麼好消息？」何太期待地問。

「基因檢測結果發現，智美的癌細胞上除了有EGFR基因突變外，同時仍共存NTRK融合基因突變，故現時可使用針對此基因突變的標靶藥物。另外此藥的藥廠也有提供相應的藥物資助計劃，可以減輕你們的負擔。」醫生送上了這個希望。

未來的一點光

這次的標靶治療果然不負眾望，使用此藥不久後已令智美的病情穩定下來，而服食了約半年時間後，其病情亦仍然維持穩定狀態。

「媽，我上學了！」智美響亮的聲音貫穿整個房子。

「好，要我送你上學嗎？」何太還是改不了舊習慣。

「不用了，媽，你不記得了嗎？我已經長大了。」智美微笑著說。

醫生的便箋

讀了前述的幾個病人個案，我們知道EGFR標靶藥物對於治療肺癌有很好的療效，而且副作用少。智美的情況和其他病人的不同之處是：第一，她的第四期癌症有腦部擴散；第二，她的基因突變有EGFR和NTRK融合，這兩個驅動基因在同一病人中出現非常罕見。

十多年前，肺癌而有腦部擴散的病人，生存時間通常只有幾個月到半年。

現在醫療上有了極大的進步，腦部磁力共振素描能夠偵察非常細小的擴散，放射治療由「全腦電療」改變成為局部的立體定位放射治療（stereotactic radiotherapy），因為電腦程式的設計達到更精確的水平，所以細小的腫瘤可以局部高劑的放射治療殺死癌細胞，但又可以免除其他腦部組織受損。

另一重大進步是基因測試和針對性的標靶藥物治療，酪氨酸激酶抑制（TKI）在臨床測試中能夠滲入腦部令擴散的腫瘤縮小，其中可能的原因是它的分子細小，可以通過血液和腦之間的屏障（blood-brain barrier）。

EGFR是肺癌裏常見的驅動基因(driver gene)，在同一個病人，甚少其他驅動基因會同時出現，所以如果TKI藥物失效之後，通常都是以化療治療。智美竟然同時有NTRK融合，可以使用應對的標靶治療。如果我們沒有以次世代基因檢測來查證這些稀有的變異，就平白失去了使用這種新藥的機會。

找個好老闆

臨床腫瘤科專科林河清醫生

晚期乳癌

「Mandy，有份報告，很趕的，你馬上打好給我！」

雖然還有1分鐘便下班，Mandy仍未敢怠慢，只管埋頭打打打，盡力完成工作。

不一會，剛交下工作的老闆，悠閒地從房內走出來，一聲「Bye Bye」，便從Mandy的桌前走過。

「不是說很趕嗎？為何每次都是這樣？」3年了，慣了服從的Mandy也終於開始疑惑，自己的凡事聽命，到底是否有價？

不是因為近來總是精神不振，Mandy也不會有這種醒覺。之前任何突如其來的額外工作，再多，只要肯無償加班，大多能順利解決。但最近，一種不知如何形容的疲倦感，無時無刻襲來，要應付本身的工作量已很吃力，更遑論抽時間處理總在下班時才交下來的緊急工作。

「辭職吧！再找個好老闆！」愛抱打不平的妹妹Cat，對姊姊的遭遇極感不值。

「這個時勢，我擔心會遇到更差的老闆。」Mandy語氣帶點憂慮。「還是我明天試試叫老闆不要在快下班時間前才指派工作給我吧！」

順從的Mandy，其實只是說說而已，責任心極重的她，早就被排山倒海的工作埋沒了自我，一切唯工作是從。

「沒關係了！明天一切就會變好。」臨睡前，她勉勵自己咬緊牙關。

「張小姐，你的身體檢查報告顯示乳房有些不尋常的陰影，需進一步檢查才能確定。」醫生表示。

一年一度的身體檢查，聽到的是令人驚訝的消息。

原來最近的疲倦和乳房那些仿似皮膚敏感的滲液，都是有原因的。Mandy像被寒風一吹，突然清醒。

接二連三的覆診，壞消息仍沒完沒了。

「腫瘤對荷爾蒙治療及標靶治療的反應未見理想，可能需採取其他檢測方法，進一步檢測腫瘤是否帶有其他基因變異，如:次世代基因檢測 (NGS)。」醫生建議。

Mandy的次世代基因檢測(NGS)結果驗出了多種基因變異，主要在於干擾細胞生長、細胞周期及DNA自我修復的能力；因為這些調控機制的失常，致使腫瘤細胞不受控制、快速增生，針對這類特性，醫生遂處方一種相應的標靶藥，最終Mandy的病情受控。

「哈……我以前怎麼這樣傻？老闆、同事推給我做的，我幾乎從沒推辭過。」經歷這場大病，Mandy忽然若有所悟。

「早叫你去找個好老闆，你卻不知道在擔心甚麼！」Cat沒她好氣。

「嗯……病好後，我會認真考慮。」Mandy語氣堅決。

但好景不常，沒多久，她便收到老闆的解僱通知。而18個月後，一直使用的標靶藥物亦宣告失效，本來受控的病情又再度惡化。

參考之前的NGS基因檢測報告，醫生決定使用多種藥物合併的組合治療。藥物組合主要針對患者癌細胞的三種缺陷 — PI3K訊號傳遞路徑、細胞生長周期控制及荷爾蒙依賴型細胞增生。

新的治療策略最終成功控制病情，雖然期間Mandy曾因藥物組合而感染肺炎，及後情況仍然受控及令人滿意。

有幸「死」而復「生」。工作？Mandy早已拋到老遠。

「管它了！沒有萬能的我，就等老闆自己做個夠吧！」Mandy笑說。

「哎……這個時勢，我擔心他會請到更差的員工呢……」Cat回應。一臉同情。

兩姊妹交換眼神，同聲大笑，互有默契，一切盡在不言中。

醫生的便箋

癌症的生長非常複雜，某些細胞增生訊號途徑會因不受控制或扭曲，刺激了癌症生長，形成對治療失效等情況。PI3K 途徑就是其中一種信號途徑。

來自擴散性乳癌患者的分子譜數據發現，在晚期荷爾蒙受體陽性/HER2受體陰性的乳癌研究可見，PIK3CA突變與化學療法的耐藥性有關，同時亦有較差的預後。

最近，針對性標靶藥物和荷爾蒙治療同時使用能有效對抗這類腫瘤，約有三成病人能得益，所以美國食物藥物管理局已經批准了這種治療。

癌症治療與基因解碼

作者	周倩明醫生
出版人	司徒毅
編輯	陳秀清、鍾穎嫦、胡菀彤
美術設計	冼浩然、李瑩傑
出版	健康動力有限公司
	新蒲崗大有街35號義發工業大廈4字樓D2室
電話	(852) 2385 6928
傳真	(852) 2385 6078
網址	www.healthaction.com.hk
發行	香港聯合書刊物流有限公司
	荃灣德士古道220-248號荃灣工業中心16樓
電話	(852) 2150 2100
傳真	(852) 2407 3062
電郵	info@suplogistics.com.hk
印刷	超企印刷及傳訊有限公司
	香港將軍澳工業邨駿盈街8號1樓
出版日期	2020年12月
定價	港幣$78
國際書號	978-988-12429-8-3

Health Action Limited 2020

Published and printed in Hong Kong

如有印裝錯誤或破損，請寄回本公司更換